T0131509

Richard W. Hartel, AnnaKate Hartel

Sai cosa mangi?

La scienza del cibo

 Springer

RICHARD W. HARTEL, ANNAKATE HARTEL

Tradotto dall'edizione originale inglese:
Food Bites di Richard W. Hartel and AnnaKate Hartel
Copyright © 2008 Springer-Verlag New York
Springer is part of Springer Science + Business Media
All Rights Reserved
Edizione italiana a cura di Giorgio Donegani
Traduzione di Massimo Caregnato

Collana *i blu-pagine di scienza* ideata e curata da Marina Forlizzi

ISBN 978-88-470-1174-8   e-ISBN 978-88-470-1175-5
DOI 10.1007/978-88-470-1175-5

© Springer-Verlag Italia 2009

Coordinamento editoriale: Barbara Amorese
In copertina: © HUBBLE-HUBBLE | CREATIVE AND DESIGN – Art Director Dimitri Scheblanov
Progetto grafico di copertina: Simona Colombo, Milano
Rielaborazione grafica: Ikona S.r.l.
Impaginazione: Ikona S.r.l.
Stampa: Grafiche Porpora, Segrate, Milano

Stampato in Italia
Springer-Verlag Italia S.r.l., Via Decembrio 28, I-20137 Milano
Springer fa parte di Springer Science+Business Media (www.springer.com)

Ringraziamenti

Ringraziamo le seguenti persone per averci aiutato a verificare che ogni dettaglio fosse il più possibile corretto:

Katie Becker
Michelle Frame
Lynn Hesson
Barb Ingham
Steve Ingham
Liz Johnson
Barb Klubertanz
Katie Kolpin
Bob Lindsay
Kirk Parkin
Gary Reineccious
Jeanne Schieffer
Ed Seguine
Tom Shellhammer
Derek Spors

Vorremmo ringraziare anche gli editori del Dipartimento di Comunicazione delle Scienze Biologiche dell'Università del Wisconsin a Madison, per il loro attento impegno nella rilettura. Il lavoro svolto mese per mese da Bob Mitchell, Katie Weber e in particolare da Bob Cooney è stato molto apprezzato. Rivolgiamo un ringraziamento anche a Shiela Reaves per le sue parole di incoraggiamento e per aver condiviso con noi la sua competenza in campo editoriale.

Un ringraziamento speciale va anche a Linda Brazill, caporedattore per *The Capital Times*, Madison, Wisconsin.

Prefazione

Cosa mangia l'America nell'era moderna? Probabilmente molte delle cose che mangeremo anche noi nel prossimo futuro.

Ormai la dinamica dei flussi è chiara: l'hamburger e la Coca Cola sono solo i simboli di un modello di consumo che, con diverse sfaccettature, ha definitivamente contaminato la nostra cultura del cibo. Se per noi gli spaghetti sono intoccabili e la pizza continua a essere il più gettonato tra i fast food, è comunque vero che le giovani generazioni sentono irresistibile il richiamo del cibo *made in USA*. All'insegna dell'intercultura e del mercato globale, ci troveremo sempre di più a fare i conti con prodotti per noi alieni come i *Marshmallow* (le famose caramelle spugnose a forma di cilindretto), magari in versioni addomesticate per sposarsi meglio con il gusto mediterraneo. Del resto, il Parmigiano Reggiano e lo Speck dell'Alto Adige negli hamburger di McDonald's sono già una realtà, e se probabilmente non arriveremo mai a trovare appetitosi i gommoni dolci cotti alla griglia, è un dato di fatto che i banchi del supermercato si arricchiscano ogni giorno di nuove proposte sempre più tecnologiche, comunque distanti dalle nostre tradizioni. Le "patatine" che hanno l'aspetto e il sapore del bacon (senza averlo mai visto nemmeno da lontano) sono dei *must* dell'*happy hour*, così come prosegue il successo degli *energy drink* dal gusto dubbio e delle gomme americane (per l'appunto…) che frizzano. I bambini sbavano per le caramelle fosforescenti a forma di verme e le mamme si lasciano tentare dai würstel già ripieni di formaggio…

È giusto? È salutare? Chissà… Di sicuro c'è una cosa: è la realtà dei nostri giorni. E allora, perché non provare a conoscerla meglio? Perché non lasciare da parte diffidenze e pregiudizi per dare spazio alla pura e semplice curiosità?

Pagina dopo pagina, questo libro ci introduce in un mondo diverso ma certamente affascinante, dove si scopre che il cibo può avere dimensioni e significati differenti da quelli che gli attribuiamo abitualmente. Oltre il piacere, oltre il nutrimento, diventa gioco, ricerca tecnologica, sfida scientifica, desiderio di stupire e di distinguersi... Gli autori, esperti riconosciuti del settore, si approcciano a questo mondo con piacevole ironia e distacco professionale, guidandoci alla scoperta dei *Pixy Stix*, piuttosto che dei *Circus Peanuts* e dei *Lucky Charm*, senza peraltro trascurare argomenti più vicini al nostro quotidiano, dalla preparazione del gelato alla conservazione sotto vuoto, alle indispensabili attenzioni igieniche da seguire in cucina.

Colpiscono le teorie scientifiche che spiegano l'orientamento dei cristalli di ghiaccio nei ghiaccioli, così come stupisce la tecnologia quasi spaziale che permette la realizzazione dei coniglietti di cioccolato pasquali. E altrettanto stupefacenti sono gli studi necessari per ottenere palline colorate commestibili da aggiungere ai cereali, piuttosto che condimenti ibridi capaci di soddisfare tanto chi ama il dolce quanto chi vuole il salato...

Leggendo, si ha conferma di come l'alimentazione sia davvero una scienza complessa e di quanto siano ampi e stimolanti gli orizzonti che apre alla ricerca, ma si ha anche la percezione netta di quanta distanza possa esserci tra le diverse culture alimentari.

Il mondo è bello perché è vario. È vero: la diversità è una ricchezza. Ma perché lo sia veramente va approcciata con curiosità e desiderio di confronto, gli stessi atteggiamenti che scaturiscono in modo irresistibile dalla lettura di questo libro.

Giorgio Donegani
Tecnologo alimentare – Direttore scientifico di *Food&School*

Nota

Ma è così anche da noi? Una domanda legittima, che si ripropone spesso scorrendo i capitoli uno dopo l'altro. Per rispondere è sembrato opportuno aggiungere in Appendice un capitolo di approfondimento che rapporta le tematiche affrontate nel testo alla specifica realtà italiana e dell'Unione Europea. Alcune leggi che regolano il settore alimentare, infatti, sono diverse negli Stati Uniti e in Europa, e da queste differenze discendono particolari orientamenti dell'industria alimentare che è giusto esplicitare e sottolineare.

Indice

1
Che cosa sono le scienze alimentari?

"Se non fai il bravo, fili a letto senza cena!" Mamma e papà avevano ragione, mangiare è di vitale importanza. Anche prima che i nostri lontani antenati uscissero dall'oceano strisciando, l'alimentazione era una parte importante della vita. A quell'epoca, una delle nostre battaglie quotidiane era quella per trovare il cibo necessario a sopravvivere, per lo meno nei momenti in cui non eravamo intenti a eludere i predatori che, a loro volta, ci inseguivano per usarci come pasto. Proprio come i pesci nella proverbiale catena alimentare, eravamo alla ricerca di pesci più piccoli da catturare mentre avevamo quelli più grandi alle calcagna.

La ricerca di cibo è sempre stata così, o almeno lo è stata fino ai tempi moderni.

Prima della nascita della civiltà, o se non altro prima della nascita dei pasti preconfezionati, la catena alimentare era molto diversa da come si presenta oggi. Nella maggior parte dei casi, gli uomini si occupavano di agricoltura, caccia e raccolta. Piantavamo frumento, granturco e altre colture e andavamo alla ricerca di selvaggina e prodotti locali (bacche, frutta secca, ecc.) per arricchire la nostra dieta. Tutti eravamo direttamente coinvolti nella ricerca del cibo per la sopravvivenza, in una maniera o nell'altra.

In seguito alla formazione e all'espansione delle città, sempre più persone sono diventate dipendenti da terzi per il cibo quotidiano. Dovendo svolgere professioni quali il dentista e il maniscalco, ma anche il banchiere, l'avvocato e il venditore di macchine usate, in contropartita le persone residenti in città hanno dovuto delegare agli agricoltori locali la produzione del cibo.

Quando poi si sono formate le grandi metropoli, il legame con i coltivatori è venuto ancora meno, fino al punto che gran parte delle persone residenti in città non riuscirebbero nemmeno a riconoscere un contadino, capitasse loro di investirne uno mentre sono alla guida del tipico SUV. La maggioranza di noi non è mai stata in una vera fattoria. I pochi contadini rimasti, meno dell'1% della popolazione, producono cibo per quasi tutta la popolazione e senza ricevere neanche un "grazie" in cambio. Noi, però, ci siamo di fatto abituati ad avere tutto quello di cui abbiamo bisogno a portata di mano, o per lo meno a portata di supermercato, in qualsiasi stagione.

Le nostre dinamiche alimentari sono cambiate in maniera considerevole nell'arco degli ultimi cento anni. Dalle grandi città ai piccoli paesi, il cibo si compra per lo più nei negozi di alimentari o nei supermercati, tranne quando siamo di fretta, caso in cui ci si ferma al minimarket. Il cambiamento più rilevante nell'approvvigionamento dei prodotti alimentari è la praticità: ci si attende che sia tutto a nostra disposizione nel momento in cui lo desideriamo.

Anche i cibi in vendita nei negozi di alimentari sono cambiati in maniera significativa nell'arco degli ultimi cento anni.

Naturalmente possiamo ancora comprare gli ingredienti grezzi per preparare le nostre pietanze, come la farina per fare il pane e la verdura per l'insalata. Ma la maggior parte di noi non lo fa. Quand'è stata l'ultima volta che avete dovuto uccidere, sventrare e pulire un tacchino per la cena del giorno del Ringraziamento? Nella maggior parte dei casi acquistiamo dei cibi che sono già stati trasformati per rendere la loro preparazione il più semplice possibile.

Nel corso degli anni molte delle fasi della preparazione dei cibi sono state trasferite dalla nostra cucina agli stabilimenti industriali: dal pane a fette all'insalata già pronta e tagliata, l'industria alimentare si è continuamente evoluta per renderci la vita più facile.

In generale, diamo per scontata l'ampia scelta nell'offerta di cibi pratici e sicuri. Ma come vengono convertite le materie prime nei cibi che mangiamo e chi è responsabile dei prodotti alimentari che troviamo al supermercato? Gli agricoltori forniscono soltanto le materie prime, altre persone trasformano quegli ingredienti in cibi semipronti. Ci sarà qualcuno che macina la farina e fa il pane. Ci sarà qualcun altro che taglia la lattuga e garantisce che sia sicura e che duri almeno una settimana nel vostro frigorifero.

Di solito sono le persone che hanno studiato scienze alimentari che si occupano di fornire un'ampia scelta di cibi sicuri e nutrienti negli scaffali del supermercato. Gli esperti di scienze alimentari sono le persone che assicurano che i nostri cibi siano sicuri, pratici e che abbiano una lunga durata, mantenendosi nutrienti allo stesso tempo.

Quelle alimentari sono scienze applicate, in cui svariate discipline tra cui la chimica, la fisica, l'ingegneria, la biochimica, la microbiologia e addirittura la psicologia si applicano alla produzione e alla conservazione dei cibi. A differenza dei cuochi e degli chef, i cui principali interessi si limitano all'ambiente della cucina, gli scienziati alimentari si occupano della produzione su vasta scala di cibi nutrienti di alta qualità che siano sicuri al momento del consumo, in particolare dopo una prolungata conservazione.

Si prenda il caso delle merendine americane *Twinkie* che, nonostante le dubbie qualità nutrizionali, possono rimanere in vendita per ben due anni e oltre.

Certo, ci si potrebbe chiedere come una merendina *Twinkie* si inserisca nel grande sistema della produzione alimentare. In realtà, a differenza dei nostri antenati, che arrivavano a mangiare corteccia per sopravvivere, oggi non mangiamo solo per alimentarci. Mangiamo anche per motivi psicologici. Per qualcuno, una torta alla crema può costituire un importante elemento della dieta. Alcuni cibi sono indispensabili, ma la maggior parte di noi si lascia di tanto in tanto tentare da sfizi alimentari per puro godimento psicologico piuttosto che per un bisogno nutrizionale. In generale, finché il consumo di questi sfizi viene mitigato da sane dosi di cibi nutrienti, non c'è niente di male.

I capitoli seguenti tratteranno diversi aspetti della moderna produzione degli alimenti. Dalla sicurezza alimentare alle gomme *Frizzy Pazzy*, ci addentreremo nella scienza che si annida in ciò che mangiamo.

2
Alimenti trasformati: buoni o cattivi?

Quanto tempo dedichiamo alla preparazione di quello che mangiamo a casa?

Negli anni, il tempo trascorso a preparare i cibi casalinghi è diminuito man mano che le nostre vite sono diventate più frenetiche. Un tempo c'era qualcuno, di solito la mamma, che passava tutto il giorno o per lo meno alcune ore a preparare i pasti per la famiglia. A parte le occasioni particolari, oggi nessuno trascorre molto tempo in cucina: tanti di noi dedicano meno di 15 minuti al giorno alla preparazione dei pasti.

Uno studio americano[1] sui tempi di preparazione dei cibi ha rivelato che un terzo delle donne e due terzi degli uomini non dedicano tempo alcuno alla preparazione degli alimenti a casa! Tra questi, naturalmente, molti sono uomini indolenti i cui pasti vengono preparati dalle mogli, ma in ogni caso emerge che di solito una grande percentuale della popolazione preferisce evitare di cucinare in casa.

La tendenza al trasferimento di parte dei tempi di preparazione dalla cucina agli stabilimenti di produzione industriale è cominciata molto tempo fa. I primi cereali da colazione, sviluppati attorno alla metà del XIX secolo, hanno reso il pasto mattutino molto più rapido. La cena precotta creata negli anni '50 ha dato ulteriore impulso a questa tendenza, conducendo a un vistoso incremento nella disponibilità di cibi surgelati. La tendenza continua ancora oggi, con i pasti surgelati da riscaldare nel forno a microonde e i banconi dei cibi pronti dei supermercati.

Il tempo risparmiato e la praticità della preparazione dei cibi negli stabilimenti industriali comportano, in contropartita, diverse

---

[1] http://www.atususer.und.edu/papers/atusconference/posters/JabsPoster.ppt (aggiornato al 21/08/2007)

rinunce. Il gusto, per esempio. Un piatto preparato a partire "dal nulla" ha generalmente un sapore migliore di una cena precotta prelevata dal freezer e riscaldata al microonde. Finora nessuno è mai riuscito a inventare un sostituto del tradizionale arrosto della mamma. Per molti di noi, tuttavia, questa perdita di qualità è compensata dal vantaggio della grande praticità.

I cibi precotti, va detto, non sempre hanno un minore valore nutrizionale. Le industrie alimentari utilizzano metodi di preparazione progettati attentamente allo scopo di minimizzare le perdite nutrizionali, massimizzando allo stesso tempo la sicurezza. In alcuni casi, i metodi di lavorazione sono addirittura in grado di "bloccare" lo stato degli elementi nutritivi prima che comincino a deteriorarsi. Per esempio, i produttori di verdure surgelate sostengono che i propri prodotti vengono congelati entro un paio d'ore dal raccolto. I piselli surgelati che conservate in freezer potrebbero avere lo stesso contenuto di vitamine dei piselli appena raccolti dall'orto.

Un cibo di preparazione industriale ha solitamente un costo maggiore dello stesso cibo preparato in casa con ingredienti comprati separatamente, ma non è sempre vero. Le grandi industrie alimentari riescono a ottenere degli sconti comprando grandi quantità di materie prime e sono in grado di trasmettere questo risparmio ai consumatori. Il costo di un preparato pronto per torte, a cui bisogna aggiungere uova, acqua e olio è probabilmente minore del costo che dovremmo sostenere se dovessimo acquistare tutti gli ingredienti singolarmente, in particolare perché non si possono comprare separatamente le piccole dosi necessarie per una sola torta.

Inoltre, alcuni cibi non sono commestibili nella loro forma originaria e devono essere elaborati affinché diventino qualcosa che si possa mangiare. Nessuno di noi si mette a sgranocchiare chicchi di grano crudi, eppure sono uno dei componenti base della nostra dieta. Dopo la macinazione per ricavare la farina, il grano viene trasformato in pane, torte e innumerevoli altri prodotti. Il grano è uno degli ingredienti principali anche nei cereali da colazione, che probabilmente costituiscono uno dei primi esempi di cibi pronti a produzione industriale.

Si ritiene che i primi cereali da colazione immessi sul mercato siano stati creati da William Kellogg presso una casa di cura di

Battle Creek, in Minnesota, allo scopo di ottenere un pasto sano e pratico per cominciare la giornata. Se le prime partite di cereali furono prodotte in cucina, negli anni le industrie di produzione di cereali si sono espanse sempre di più per affrontare la domanda crescente.

Attualmente un'industria di questo tipo di medie dimensioni riceve, trasportate su vagoni merci e autocarri, circa 500 tonnellate al giorno di granaglie grezze e farina da convertire in migliaia di confezioni di cereali.

Nel corso degli anni è stata sviluppata un'infinita varietà di prodotti a base di cereali, dai prodotti dietetici (che curiosamente sanno spesso di cartone) fino ai cereali zuccherati che tanto piacciono ai bambini. Aggiungetevi il latte e otterrete un pasto istantaneo: il tempo di preparazione è praticamente nullo.

E se avete troppa fretta per mettervi a tagliare la frutta da mettere nella scodella, esistono confezioni di cereali che contengono frutta secca. E se pensate che anche versare il latte sia un lavoro troppo faticoso, potete acquistare l'intera tazza di cereali, inclusi la frutta e il latte, nella forma concentrata di una barretta. Alcuni pensano che queste nuove barrette di cereali siano un prodotto troppo industrializzato, altri invece le trovano un'ottima soluzione per mangiare una colazione pratica e nutriente sulla strada del lavoro.

Indipendentemente dall'opinione che si può avere di essa, l'industria alimentare ha un ruolo importante nella nostra società, e cioè quello di fornirci una varietà di cibi con la comodità che desideriamo e i principi nutritivi di cui abbiamo bisogno.

3
Vini d'annata
e cioccolatini

Cosa hanno in comune vino e cioccolatini? Di certo, un buon vino rosso si sposa benissimo con del cioccolato fondente di qualità: ora, però, faremo un viaggio tra le loro materie prime. I grappoli d'uva e le fave di cacao, dai quali si producono vino e cioccolato, sono frutti di piante le cui caratteristiche variano con ogni raccolto. La qualità dell'uva e delle fave di cacao, e quindi di vino e cioccolato, dipende da fattori ambientali quali precipitazioni, esposizione solare e temperatura, in grado di influenzare la composizione chimica delle materie prime.

L'esperienza insegna che non tutta l'uva è dolce e squisita: talvolta vi è dell'uva aspra o dall'aspetto delizioso, ma poco gustosa. La stessa variabilità si riscontra nelle fave di cacao. Di fatto, frutta e verdura presentano in quasi tutti i casi un certo grado di variabilità da raccolto a raccolto.

Nelle vigne si sfrutta la variabilità dell'uva, di anno in anno e da regione a regione, per produrre vini d'annata dal carattere unico. Un vino prodotto in una buona annata può essere molto diverso dallo stesso vino prodotto in un altro anno. Nonostante si riscontri un simile grado di variabilità nel cacao, i produttori di cioccolato generalmente vogliono che il loro prodotto abbia sempre lo stesso gusto, indipendentemente dalle caratteristiche della materia prima.

La maggior parte delle aziende alimentari lavora di fatto con materie prime variabili; il prodotto finito, tuttavia, deve avere caratteristiche costanti. Questa variabilità è ciò che rende l'industria alimentare unica tra le industrie di trasformazione. I produttori alimentari devono in qualche modo "aggiustare" le differenze nelle materie prime per ottenere un prodotto che abbia gusto, aspetto e caratteristiche uguali giorno dopo giorno.

Come fanno i grandi produttori di cioccolato a far fronte alla variabilità del cacao per produrre sempre lo stesso prodotto di anno in anno?

Esistono degli assaggiatori che si recano alla fonte per testare la materia prima. All'apparenza si tratta di un lavoro entusiasmante. Per loro sfortuna, però, gli assaggiatori di cioccolato testano le fave di cacao e non il prodotto finito. Il liquore o massa di cacao si produce dalla macinatura delle fave di cacao, ma nonostante il nome, non contiene dell'alcol che ne compensi l'acidità. Il liquore di cacao è talmente allappante in bocca che al confronto un limone sembrerebbe dolce. Provatene un po' voi stessi, lo si può trovare anche in commercio.

I coraggiosi assaggiatori di cioccolato valutano fave di cacao di provenienza diversa e grazie alla propria esperienza riescono a selezionare quelle che conferiranno al prodotto il particolare gusto cercato. In seguito, i produttori di cioccolato mescolano i semi di cacao in maniera da appianare le differenze nelle singole partite, ottenendo un prodotto sempre uguale. I cioccolatieri sono anche in grado di manipolare fino a un certo punto le condizioni del processo, regolando per esempio la temperatura di tostatura, allo scopo di ottenere un cioccolato sempre con lo stesso gusto, a prescindere dalla differenza nelle fave di cacao.

Quando i produttori alimentari conoscono bene la chimica del proprio prodotto, sono di fatto in grado di adeguare le condizioni di lavoro per compensare le differenze nella materia prima e ottenere un prodotto sempre uguale. I produttori di succo d'uva, di fronte alla stessa variabilità della materia prima con cui si confrontano i vinificatori, sono infatti capaci di produrre un succo dal gusto costante.

I produttori di succo d'uva usano un approccio detto "standardizzazione", che prevede che la composizione chimica della materia prima venga adeguata per garantire l'uniformità dei fattori in grado di influenzare il prodotto. Vengono eseguite misurazioni sull'acidità, sul tenore di zucchero e su un insieme di altri parametri allo scopo di trovare la giusta miscela di succhi di diversa provenienza per ottenere un prodotto con lo stesso gusto tutto l'anno, nonostante le grandi differenze nella qualità dell'uva.

Forse arriverà il giorno in cui potremo gustare un cioccolato d'annata assieme a un vino d'annata. Intanto è in aumento la tendenza a produrre il cioccolato a partire da cacao di una singola varietà o di una singola area, allo scopo di valorizzare le complesse differenze nel gusto tra fave provenienti da specifiche zone di produzione.

4
La conservazione
di fragole e altri alimenti

Non c'è niente di meglio del sapore delle fragole appena raccolte, mature e succose. Sono frutti deliziosi e nutrienti: attenzione, però, a non coprirle con troppo zucchero. Purtroppo in quasi tutto il mondo le fragole fresche sono a disposizione solo per un mese o due all'anno.

Per centinaia di anni i nostri antenati hanno mangiato fragole solo all'inizio dell'estate; durante il resto dell'anno ne conservavano solo il ricordo. Grazie ai prodigi delle moderne tecniche di conservazione del cibo (e del settore dei trasporti), ora possiamo gustare prodotti alimentari a base di fragole per tutto l'anno. Le tecniche di conservazione vanno proprio a braccetto con l'industria alimentare moderna.

La tecnica più antica di conservazione è forse la salatura e l'essiccazione della carne per ottenere cibi come il pemmican americano e la bresaola in Italia, procedimento in grado di "posticipare la data di scadenza", in maniera da avere sempre disponibilità di cibo, anche in tempi di magra. La prima volta che i nomadi del deserto si misero a produrre formaggio a partire dal latte, stavano in realtà praticando un altro esempio di conservazione di una materia prima deperibile.

In ogni caso, la nascita dell'industria moderna della conservazione del cibo viene solitamente fatta risalire all'inizio del XIX secolo, durante il regno di Napoleone, il quale offrì un premio a chi avesse sviluppato un metodo di conservazione degli alimenti capace di garantire l'approvvigionamento dei soldati durante la marcia di conquista dell'Europa. L'inventore Nicolas Appert sviluppò così un metodo per conservare i cibi riscaldandoli in un vaso sigillato per distruggere i microrganismi e prevenire eventuali successive contaminazioni. L'invenzione di Appert ha segnato la nascita dell'industria dei cibi in scatola. Già all'epoca dell'esercito di

Napoleone, però, il sapore del cibo inscatolato non era esattamente quello del prodotto originale: inscatolare non è che un altro modo di dire "cuocere togliendo il sapore", e si stenta a credere che Napoleone apprezzasse veramente la cucina francese mangiando cibo in scatola.

Anche se l'inscatolamento è ancora oggi una tecnica di conservazione importante per l'industria alimentare, il suo impiego si è ridotto negli ultimi anni grazie allo sviluppo di tecniche estremamente superiori.

Oggi l'industria alimentare ha a disposizione una miriade di metodi per conservare cibi come la frutta e la verdura fresca. Si possono inscatolare, surgelare ed essiccare; anche fare la marmellata è un metodo di conservazione. Qual è, fra tutti, il metodo ideale per preservare le fragole? La congelazione è probabilmente il miglior metodo per mantenere intatti principi nutritivi, sapore e struttura. Tuttavia, le fragole scongelate generalmente non presentano la stessa compattezza delle fragole fresche. In buona sostanza, tutte le tecniche di conservazione comportano il sacrificio di certi aspetti della qualità.

Va osservato, però, che la modalità di congelazione delle fragole può avere un impatto rilevante sulla loro qualità al momento di scongelarle.

Delle fragole a temperatura ambiente poste nel freezer di casa possono impiegare diverse ore per congelare, a seconda della dimensione del contenitore. Nel formarsi e durante l'accrescimento, i cristalli di ghiaccio danneggiano la struttura cellulare della fragola. Con la congelazione lenta che avviene all'interno del freezer casalingo, i cristalli di ghiaccio si formano prima all'esterno delle cellule, portando a uno squilibrio idrico osmotico tra l'interno e l'esterno delle cellule. I liquidi fuoriescono dalle pareti cellulari per compensare lo squilibrio, portando alla deidratazione e al restringimento delle cellule. Alla fine questo processo conduce alla rottura delle pareti cellulari e alla perdita di struttura al momento dello scongelamento: il risultato è una fragola stopposa.

Gli stabilimenti di trasformazione alimentare sottopongono le fragole a congelamento rapido, che permette di solidificare i frutti in pochi minuti riducendo la possibilità di perdite osmotiche di liquido dalle cellule. Ancora meglio sarebbe immergere le fragole in azoto liquido, che le fa congelare in pochi secondi. Gli effetti sulla struttura della cellula vengono minimizzati drasticamente rispetto alla congelazione lenta, consentendo alle fragole scongelate di avere una consistenza sostanzialmente uguale a quella delle fragole fresche. L'industria alimentare è alla costante ricerca di nuove e migliori tecniche di conservazione del cibo. Un sistema "nuovo" di conservare le fragole e altri cibi – se è possibile chiamare nuovo un sistema che è stato studiato per oltre 40 anni – è quello dell'irradiazione con raggi gamma ad alta energia o raggi X. L'irradiazione utilizza energia ionizzante per distruggere i microrganismi e bloccare le reazioni respiratorie del cibo, in questo caso rendendo le fragole sicure da mangiare, ma impedendo loro di degradarsi o di germogliare. Una fragola irradiata può durare per mesi senza perdite di qualità (si veda il capitolo 7).

L'alta pressione e i campi elettrici oscillanti sono nuove tecnologie che possono essere impiegate per conservare alcuni cibi senza modificarne il gusto o la struttura. Per esempio, esporre i cibi a una pressione maggiore di quella che si può trovare sul fondo dell'oceano li conserva senza l'impiego di calore (acerrimo nemico di frutta e verdura fresca) e garantisce una qualità più elevata. Da qualche tempo è possibile trovare sul mercato un guacamole conservato con un trattamento ad alta pressione.

Forse alla fine saremo in grado di conservare le fragole in modo che in dicembre abbiano lo stesso gusto che hanno in giugno quando sono appena colte. Ma per ora è meglio fare come facevano i nostri antenati: mangiate quante più fragole possibile raccogliendole direttamente dalla pianta; fino al prossimo anno non avranno lo stesso gusto.

5
Esperimenti scientifici in frigorifero

Osservate con attenzione il vostro frigorifero. Molte delle cose di cui avete bisogno per la cena di stasera saranno probabilmente lì dentro. Il frigo ci consente di preservare i cibi per molto tempo, anche se alla fine quasi tutti, se non consumati, andranno a male: questo fatto offre spesso lo spunto per condurre alcuni interessanti esperimenti scientifici quando si lascia il cibo in frigo per un periodo prolungato. La muffa che cresce sul formaggio forse crea un bel contrasto di colore, ma dovrà necessariamente essere rimossa.

La varietà di prodotti freschi, latticini, carni e altri cibi che conserviamo in frigo avrebbe meravigliato i nostri progenitori. Noi, invece, la diamo per scontata, almeno fino a quando non salta la corrente. Immaginiamo come sarebbe la nostra vita senza.

In realtà non è da molto che abbiamo a disposizione il frigorifero per conservare i cibi deperibili. Saranno meno di cento anni da quando a Madison, in Wisconsin, si è smesso di andare a prendere il ghiaccio dal lago Wingra per metterlo nella ghiacciaia. Prima, soltanto i più ricchi di noi potevano prevenire il deterioramento del cibo usando il ghiaccio. E meno male che in Wisconsin d'inverno fa piuttosto freddo; almeno per sei mesi l'anno si potevano mettere i cibi all'aperto. Ma in Florida come facevano?

I primi frigoriferi elettrici sono comparsi nelle case americane nel 1916, anche se il sistema di refrigerazione è stato inventato nel 1851, naturalmente in Florida. Dal momento che l'elettricità non era molto diffusa fino ai primi del Novecento, non sorprende il fatto che ci siano voluti oltre 50 anni affinché il frigorifero facesse il suo ingresso nelle cucine americane. Comunque sia, nel giro di pochi decenni dalla sua introduzione, il frigo è diventato un elemento costante delle cucine americane. Nel 1956 circa l'80% delle famiglie americane possedeva un frigorifero, mentre in Gran

Bretagna era presente solo nell'8% delle case. Come facevano gli inglesi a preservare i loro cibi, in particolare nelle grandi città, e perché hanno impiegato molto più tempo ad adottare questo prodigio della tecnologia?

Gli usi e costumi culinari del vecchio continente possono forse spiegare questa differenza. Nei Paesi europei i pasti venivano preparati per tradizione con cibi freschi comprati giorno per giorno. Non c'è molta necessità di conservare il cibo se non avanza nulla; quasi nessun alimento va a male in tempi così rapidi.

Per esempio il latte munto dalla mucca va a male entro un giorno o due se non viene conservato al fresco. Anche la pastorizzazione non può che estenderne la durata per alcuni giorni. Con la pastorizzazione e la refrigerazione, possiamo prolungare la durata del latte per oltre due settimane. I nostri antenati dovevano salare ed essiccare la carne per farla durare, noi invece usiamo il frigo per rallentare il deperimento e allungare il tempo di consumo dei nostri affettati.

La refrigerazione viene usata anche nel trasporto di molti prodotti alimentari. Quegli autocarri che vediamo in autostrada dotati di grandi impianti di condizionamento sono camion frigoriferi pensati allo scopo mantenere gli alimenti a basse temperature: grazie a essi i prodotti possono essere trasportati dai campi ai negozi di alimentari di tutto il Paese quasi senza alcuna perdita di qualità.

Come sarà il frigo del futuro? Alcuni pensano che nelle nostre case avremo un frigo dotato di computer capace di fare automaticamente l'inventario del contenuto e che ci avviserà quando un prodotto sta per andare a male: sarà la fine degli esperimenti scientifici come la lattuga appassita, la carne annerita e il latte che fa *plop plop* quando lo versi nella tazza. Probabilmente il computer ci farà anche da mamma, avvisandoci con un "chiudi quella porta o farai uscire il freddo!".

Non importa cos'altro sarà capace di fare, la funzione primaria del frigorifero rimarrà sempre la stessa: allungare la durata dei nostri cibi e renderci la vita più facile e sicura.

6
La liofilizzazione: un eccellente metodo di conservazione

Nei tempi antichi gli Inca conservavano le carni e le verdure sugli alti pendii delle Ande peruviane: la temperatura gelida faceva congelare il cibo, mentre la bassa pressione atmosferica che si trova a quella quota lo portava all'essiccamento. Quello degli Inca non era altro che uno dei primi sistemi di conservazione del cibo, la liofilizzazione.

Ma diamo ora un'occhiata a come si possono unire due diverse tecniche di conservazione, la surgelazione e l'essiccamento, per ottenere cibi essiccati che conservano le proprie qualità in maniera eccellente.

Nel freezer troviamo prodotti alimentari di qualsiasi tipo, dalla carne alle verdure, fino alla frutta. La surgelazione dei cibi fu sviluppata commercialmente da Clarence Birdseye negli anni '20 del secolo scorso, in seguito all'invenzione di un procedimento per il congelamento rapido che manteneva inalterata la qualità del prodotto originale. Il problema è che per conservare il cibo surgelato ci vuole un congelatore (o bisogna vivere ad alta quota). Senza, i cibi surgelati si scongelano e deperiscono in breve tempo.

Un altro comune sistema di conservazione dei cibi è l'essiccamento. La tradizionale carne secca americana, chiamata *jerky*, è prodotta ancora oggi sfruttando essenzialmente la stessa tecnica utilizzata centinaia di anni fa dagli Indiani delle Grandi Pianure.

Durante l'essiccamento, con l'aumento della temperatura, le molecole allo stato liquido contenute nel cibo si convertono in vapore acqueo. Questo processo causa in molti casi un restringimento della materia e altre fastidiose alterazioni nel cibo. Per esempio, la carne essiccata sul fuoco per ottenere il *jerky* assume un colore marrone, si restringe e diventa dura come il cuoio.

Come se non bastasse, molti dei componenti del sapore vanno perduti con l'evaporazione dell'acqua.

E questo ci porta alla liofilizzazione, procedimento che sfrutta sia il congelamento che l'essiccamento per preservare il cibo. Sebbene la liofilizzazione sia in molti casi utilizzata allo scopo di ridurre il peso del cibo per astronauti o esploratori, i benefici di questo sistema si riscontrano per lo più nell'alta qualità del prodotto finale. Il caffè liofilizzato ha senza dubbio un sapore migliore del normale caffè essiccato (per mezzo del calore): una differenza che si riflette anche nel prezzo.

Gli Inca conservavano la carne e le verdure nella neve e tra i ghiacci ad alta quota, dove gran parte dell'acqua contenuta nel cibo si trasformava in ghiaccio. Il cibo congelato si essiccava a causa della bassa pressione atmosferica attraverso un procedimento chiamato sublimazione. A temperatura e pressione molto basse, le molecole d'acqua contenute nei cristalli di ghiaccio sublimano direttamente in molecole di vapore acqueo: la liofilizzazione si basa sullo stesso principio.

La sublimazione avviene anche nei nostri congelatori di casa, per quanto il processo sia molto lento, visto il livello di pressione normale. Quando si verifica una sublimazione nel cibo contenuto nel freezer, il cibo si essicca. È un fenomeno detto "bruciatura da freddo" (si veda il capitolo 9), che scolora e indurisce cibi come la carne e gli ortaggi. Durante la liofilizzazione, però, il processo di sublimazione viene attentamente controllato affinché la qualità del cibo sia sempre garantita. I produttori di alimenti liofilizzati favoriscono la sublimazione – e di conseguenza la liofilizzazione – riducendo la pressione fino quasi a raggiungere il vuoto. Le condizioni di vuoto parziale accelerano la sublimazione del ghiaccio in vapore, essiccando la maggior parte degli alimenti nel giro di qualche ora.

I prodotti liofilizzati si distinguono in quanto presentano una struttura porosa dovuta agli spazi lasciati liberi dai cristalli di ghiaccio. Con questo procedimento gli alimenti conservano la propria struttura, dal momento che, a differenza dei cibi essiccati all'aria, non vi è nessun restringimento. I pori, oltretutto, permettono un facile accesso all'acqua durante la reidratazione e le molecole del sapore rimangono esattamente al loro posto, consentendoci di gustare appieno gli alimenti. Per capire di cosa si stia parlando, basti pensare alla qualità dell'aroma del caffè solubile. Lo svantaggio della liofilizzazione è rappresentato dal costo, che si riflette nel prezzo piuttosto elevato degli alimenti sottoposti a questo processo.

La liofilizzazione può essere impiegata anche in ambiti molto diversi da quello alimentare. Per esempio, lo sapevate che se non volete seppellire i vostri animali domestici al momento della loro morte, li potete "imbalsamare" attraverso un procedimento di liofilizzazione? Gli stessi principi che si applicano all'essiccamento della frutta contenuta nei cereali da colazione si applicano alla conservazione dei poveri cani e gatti.

Certamente gli antichi Inca non potevano comprendere i principi scientifici della liofilizzazione, ma erano senz'altro fortunati ad avere un eccellente sistema di conservazione del cibo a portata di mano.

7
I cibi irradiati
si illuminano di notte?

Nonostante la suggestiva immagine dell'hamburger che si illumina al buio, un vasto numero di studi ha dimostrato la sicurezza alimentare dei cibi irradiati, tanto che la NASA li usa per l'approvvigionamento degli astronauti durante le missioni spaziali.

L'irradiazione degli alimenti viene studiata addirittura dal 1905, quando vennero rilasciati i primi brevetti per l'eliminazione dei batteri negli alimenti attraverso radiazioni ionizzanti. Sulla base di numerosi studi condotti da allora, la *Food and Drug Administration* (FDA) americana ha approvato l'uso dell'irradiazione su una vasta gamma di alimenti, dai medaglioni di carne macinata alle fragole e ai germogli.

Oltre a uccidere i microrganismi, l'irradiazione uccide anche infestanti come i moscerini della frutta e gli insetti del cibo e impedisce che gli ortaggi germoglino. Anche se l'uso dell'irradiazione è consentito per vari tipi di cibo, in campo alimentare è ancora limitato. L'applicazione principale dell'irradiazione è quella in campo medico, dove viene utilizzata, tra le altre cose, per sterilizzare il collirio e i cerotti.

Uno degli argomenti che alcuni sostengono contro l'irradiazione è che essa causi alterazioni del cibo. Certamente è vero, ma alterazioni sono provocate anche dall'inscatolamento e da qualsiasi altro procedimento di trasformazione alimentare. Secondo gli scienziati del settore, se il procedimento dell'inscatolamento fosse stato messo sotto esame con lo stesso livello di minuziosità, il suo uso non sarebbe mai stato consentito. Anche un procedimento che oggi diamo per scontato, la pastorizzazione del latte, ha richiesto circa cinquant'anni prima che venisse accettato come tecnologia sicura.

La prima sorgente utilizzata per l'irradiazione degli alimenti fu il cobalto-60 (numero di massa), metallo radioattivo emettitore di raggi gamma, una forma di radiazione elettromagnetica molto potente. I raggi gamma, scoperti nel 1900 dal fisico francese Paul Villard, vengono emessi con il decadimento del cobalto-60 che si trasforma in nichel-60, elemento stabile. Dato che si tratta di un materiale radioattivo, il cobalto-60 emette continuamente raggi gamma. Per fermare la sorgente radioattiva, è necessario schermarla, solitamente immergendola in acqua.

Ci sono altre due sorgenti di radiazioni elettromagnetiche ad alta energia, gli elettroni e i raggi X, che vengono usate per irradiare gli alimenti. Si tratta di semplici strumenti ad accensione che hanno lo stesso effetto del cobalto-60, ma senza il problema della radioattività. In sostanza, l'irradiazione a fascio di elettroni utilizza una tecnologia simile a quella usata nel tubo catodico di vecchie televisioni e schermi del computer, con la differenza che il livello di energia è molto più elevato.

Quando la radiazione elettromagnetica colpisce un alimento, i fotoni di energia hanno due effetti diversi sui componenti del cibo. Innanzitutto vi è un effetto diretto che provoca un danno immediato, il cui impatto prevalente è sulle molecole di dimensioni maggiori come il DNA, statisticamente l'obiettivo più probabile dei fotoni. Secondo alcuni calcoli, una dose da 1 kGy, un livello moderato di irradiazione, provoca circa 14 rotture del doppio filamento di una molecola di DNA dell'*Escherichia coli*, una quantità sufficiente per garantire che essa non si replichi e che la cellula muoia. Ed è precisamente questo effetto sul DNA che rende le radiazioni gamma così dannose per gli esseri umani.

Ci sono anche degli effetti secondari delle radiazioni ionizzanti. I fotoni colpiscono molecole come proteine, grassi, carboidrati e anche l'acqua, una delle molecole più piccole. I raggi gamma inducono la ionizzazione di queste molecole, allontanando un elettrone. Si formano così prodotti radiolitici, tra cui i radicali liberi, che migrano all'interno del cibo causando, tra le altre cose, il degrado del sapore e la distruzione dei nutrienti. Questi effetti sono piuttosto ridotti quando le dosi delle radiazioni rispettano i livelli consentiti e le conseguenze sulla qualità del cibo sono trascurabili.

Nonostante si tratti di una tecnica consentita per vari alimenti, sono ancora molto pochi i cibi irradiati in commercio, per lo più a causa della persistenza di una percezione negativa da parte dei consumatori. Qualche supermercato dispone di fragole irradiate, ma si tratta di un evento piuttosto raro. Cercando con attenzione, troverete in commercio medaglioni di carne macinata irradiati: in questo caso il metodo è consentito perché garantisce totale protezione dalla contaminazione da *E. coli*.

Tutti gli alimenti irradiati devono presentare sull'etichetta un logo denominato "Radura", che simboleggia una pianta all'interno di un contenitore irradiato (come si vede dai raggi provenienti dall'alto)[1]. Sebbene non abbiate mai comprato nessun alimento con il logo Radura, vi sarà probabilmente capitato di mangiare senza saperlo cibi che contengono ingredienti irradiati. Circa un quarto delle spezie usate negli Stati Uniti vengono sottoposte a irradiazione, e il loro impiego negli alimenti non deve essere dichiarato sull'etichetta.

Ma non preoccupatevi, gli astronauti mangiano cibi irradiati dai tempi delle missioni Apollo sulla Luna: la NASA, infatti, considera l'irradiazione uno strumento in grado di garantire l'approvvigionamento di cibi sicuri e nutritivi durante i prolungati viaggi spaziali. E a quanto pare gli astronauti hanno sempre gradito.

---

[1] Vedi Appendice per approfondimenti sui cibi irradiati nella UE (n.d.C.).

8
Il nostro cibo quotidiano: è sempre sicuro?

Ricordo che, quando ero ragazzino, mangiare l'impasto dei biscotti direttamente dalla ciotola era una goduria, almeno fino a quando la mamma non si accorgeva. L'impasto crudo dei biscotti non vi fa di certo venire i vermi in pancia, come diceva mamma per allontanare le nostre mani dalla ciotola, ma può portare a qualche problema di salute.

Oggigiorno sappiamo che l'impasto per i biscotti contenente uova crude può essere una fonte di *salmonella* e una potenziale fonte di infezioni alimentari. Anche se la probabilità che le uova crude siano contaminate è davvero ridotta, è meglio andare sul sicuro e consumare i biscotti solo dopo la cottura. L'alta temperatura della cottura al forno è sufficiente a garantire la sicurezza dei biscotti, anche nel caso estremo in cui l'impasto fosse effettivamente infetto.

Altri alimenti con potenziali problemi di contaminazione sono gli hamburger che, se poco cotti, diventano rischiosi a causa dell'*E. coli* che si può trovare nella carne macinata cruda, e il latte crudo, che è *off limits* a causa dei batteri *Listeria* (vedi Appendice per approfondimenti sul latte crudo in Italia, *n.d.C.*). Anche gli spinaci crudi e il gelato possono essere contaminati, come dimostrano i casi di ritiro di prodotti dal mercato.

Sembra quasi che il cibo a nostra disposizione sia meno sicuro oggi di quanto lo fosse in passato, ma è solo un'impressione data dai titoli che appaiono sui giornali. Ogni volta che un prodotto viene ritirato dal mercato, la notizia fa il giro dei media. D'altra parte, titoli come "Diversi milioni di biscotti al cioccolato e di coni gelato consumati ogni giorno senza alcuna conseguenza" non interessano a nessuno.

In realtà la nostra catena alimentare è estremamente sicura. Tra i milioni di prodotti alimentari acquistati nei supermercati ogni anno, soltanto una parte infinitesimale provoca dei problemi. La catena alimentare di oggi è senza dubbio la più sicura che sia mai esistita nella storia.

Nel settore alimentare si fa tutto il possibile per garantire che il cibo che compriamo sia sicuro. Le agenzie americane a livello statale (il Dipartimento del Wisconsin per l'agricoltura, il commercio e la tutela dei consumatori) e federale (la *Food and Drug Administration* e il Dipartimento dell'agricoltura) si occupano dell'emissione dei regolamenti che garantiscono la sicurezza dei processi di produzione degli alimenti ed effettuano regolarmente ispezioni negli stabilimenti alimentari (vedi Appendice per approfondimenti sugli organi di controllo in Italia, *n.d.C.*).

Si prenda per esempio il gelato al sapore di biscotto. Gli ingredienti crudi che arrivano allo stabilimento, in particolare l'impasto per biscotti che viene aggiunto per conferire il sapore, vengono esaminati per verificare che rispettino tutte le specifiche. L'impasto per biscotti viene mescolato con il gelato parzialmente congelato prima di indurire a temperatura di congelamento. Pertanto, l'impasto per biscotti deve essere preparato con uova pastorizzate per garantire la sicurezza ed è sottoposto a verifica all'arrivo nello stabilimento per appurare che non vi sia presenza di batteri pericolosi.

Gli alimenti vengono poi elaborati seguendo un manuale delle buone pratiche di produzione. Per esempio, il latte crudo viene pastorizzato come da regolamento, portandolo a elevate temperature per un periodo di tempo sufficiente a garantire che tutti i microrganismi nocivi vengano distrutti. Il termometro usato per misurare la temperatura di pastorizzazione deve essere periodicamente calibrato in maniera da garantire che il livello di pastorizzazione sia corretto; in caso contrario il latte non può essere consumato.

Allora perché esistono ancora dei cibi contaminati? Tra le fonti di contaminazione più probabili vi sono le persone che lavorano all'interno di uno stabilimento. Uno dei casi più gravi della storia fu Mary "la tifoide", una cuoca di New York vissuta ai primi del Novecento. Mary era una portatrice asintomatica del batterio del tifo e contaminava le persone attraverso gli alimenti che preparava. Allo scopo di prevenire che si verifichi una situazione del genere nei loro stabilimenti, le industrie alimentari si prodigano per garantire che le persone non siano fonte di contaminazioni.

Ecco perché chiunque entri in uno stabilimento deve seguire specifiche norme di sicurezza e procedure sanitarie, che includono un lavaggio accurato delle mani (della durata di almeno venti secondi) e retine per i capelli. Gli uomini che portano la barba sono obbligati a indossare una retina anche su di essa: gli alimenti non devono entrare in contatto con nessun elemento estraneo. Tutti gli addetti devono rimuovere gioielli, orologi e qualsiasi altra cosa che possa finire sui preparati. L'ingresso agli stabilimenti è vietato ai non addetti e le persone che vi entrano vengono di solito fatte camminare su una schiuma disinfettante che distrugge tutti i microrganismi presenti sulle scarpe (lo sporco è un'ottima fonte di microbi).

Se pensavate che entrare a Fort Knox fosse difficile, provate a entrare in uno stabilimento di produzione industriale, se vi capita. Le industrie alimentari fanno tutto il possibile per garantire che le persone che lavorano nello stabilimento non siano fonte di contaminazione.

Lo stabilimento stesso e i macchinari in esso utilizzati sono progettati proprio sulla base dell'esigenza costante di disinfezione. Le aree destinate alle materie prime vengono mantenute separate dalle aree dei prodotti finiti per prevenire la contaminazione nella fase post-trasformazione, e tutti i macchinari sono progettati per essere facilmente puliti e disinfettati.

Per garantire che tutti i prodotti che escono dallo stabilimento non siano contaminati, viene condotta quotidianamente una verifica su un campione statistico di prodotti. Un responsabile del controllo qualità è sempre al lavoro per garantire che tutti i prodotti, compreso il gelato al biscotto, siano sempre sicuri per la nostra salute e per il nostro piacere.

Sebbene questo vasto impiego di misure precauzionali riesca quasi sempre a prevenire la contaminazione della nostra catena alimentare, possono sempre verificarsi degli incidenti. Errori umani o semplici sviste sono spesso le cause all'origine di una contaminazione alimentare.

Potete quindi stare sicuri che gli alimenti che acquistate, nella stragrande maggioranza, sono stati elaborati secondo il manuale delle buone pratiche di produzione e non presentano rischi di infezione alimentare se trasformati e preparati correttamente. Ora potrete gustare il vostro cono gelato al gusto "biscotto" sapendo che non vi farà male.

9
Sicurezza alimentare e bancarelle

Vorrei un pollo fritto, grazie, ma senza *salmonella*. Anche se il sapore è delizioso, come facciamo a sapere che il pranzo che compriamo alle bancarelle del mercato è sicuro?

Grazie agli ispettori sanitari, non ci dobbiamo preoccupare né per il pranzo che compriamo alle bancarelle, né per gli alimenti che compriamo al bancone della gastronomia o al bar dell'ufficio (vedi Appendice per approfondimenti sulla normativa HACCP in vigore in Italia, *n.d.C.*).

In Wisconsin, il Dipartimento di Stato per la salute e i servizi alle famiglie, Divisione salute pubblica, è responsabile per la definizione dei regolamenti e per il controllo di come il cibo viene servito nei ristoranti, nei bar, e anche nelle bancarelle in centro. Qualsiasi esercizio che venda alimenti al pubblico deve ricevere una licenza dallo Stato ed è soggetto a ispezioni periodiche. I regolamenti definiscono chiaramente le pratiche igieniche che devono essere seguite quando si servono degli alimenti al pubblico.

In pratica, quasi tutti i pubblici esercizi di ristorazione, che siano bar, ristoranti o bancarelle stagionali (attività di ristorazione mobile) devono impiegare una persona in possesso di una "certificazione di operatore alimentare" rilasciata dallo Stato del Wisconsin. Tale persona garantisce che tutti i regolamenti statali siano applicati e che il cibo sia sicuro.

Per diventare un operatore alimentare certificato, bisogna superare un esame che comprova la conoscenza delle pratiche sicure di gestione degli alimenti. Oltre a sapere come si lavano correttamente le mani, un operatore alimentare certificato deve sapere come si immagazzinano le materie prime, come si maneggiano e si preparano gli alimenti in sicurezza e come si conservano per ore i cibi pronti da servire prevenendo l'incubazione di microrganismi. Pertanto, il pranzo comprato alla bancarella in centro città è sicuro tanto quanto gli alimenti confezionati che compriamo al supermercato. È responsabilità dell'operatore alimentare certificato presente in ogni esercizio verificare che lo sia sempre.

Secondo la Divisione di salute pubblica, un tipico errore che si commette negli esercizi di ristorazione mobile (quello che più probabilmente può provocare problemi di salute) è la temperatura a cui viene conservato il cibo prima di essere servito. Gli alimenti devono essere conservati a temperature sufficientemente alte (oltre i 60°C), oppure sufficientemente basse (sotto i 4°C), per impedire lo sviluppo microbico.

Le temperature intermedie, attorno alla temperatura ambiente o leggermente al di sopra, rappresentano il clima ideale per lo sviluppo dei batteri, e vanno evitate. Gli ispettori devono verificare che la temperatura a cui vengono conservati i cibi presso gli esercizi pubblici si trovi all'interno di un intervallo accettabile. In caso contrario, l'esercizio pubblico può venire chiuso fino a quando il problema non viene risolto.

E nella cucina di casa nostra? Possiamo dire di rispettare gli stessi standard delle bancarelle quando prepariamo la cena? Dovremmo essere tutti operatori alimentari certificati. In ogni caso, uno studio recente ha dimostrato che non siamo sempre così attenti come si dovrebbe. Le porzioni avanzate le mettete direttamente in frigo alla fine del pasto o le lasciate per qualche tempo sul bancone?

Nel corso del tempo, abbiamo imparato molte cose sulla sicurezza in cucina. Mia madre era solita lasciare l'arrosto avanzato con il suo sughetto fuori dal frigorifero finché non aveva raggiunto la temperatura ambiente (così il frigo deve lavorare di meno). Ora sappiamo che i microrganismi adorano svilupparsi nel cibo lasciato sul bancone della cucina per troppo tempo. Se lasciate i vostri alimenti fuori dal frigo per troppo tempo, potreste procurarvi una bella intossicazione alimentare. È un miracolo che intossicazioni di questo tipo non siano troppo frequenti – o forse è proprio quello che ci succede quando si manifestano sintomi come nausea o diarrea.

E il vostro tagliere? Si consiglia di usare un tagliere diverso per la carne cruda e per la verdura cruda, o per lo meno di lavarlo bene (con detergente) tra un uso e l'altro con questi tipi di alimenti. Contaminare le verdure per mezzo della carne cruda (tecnicamente si parla di "contaminazione crociata") è un tipico errore che può compromettere la sicurezza alimentare nelle nostre cucine.

Questi, assieme a molti altri, sono i problemi che un operatore alimentare certificato sa come evitare e che gli ispettori statali devono controllare durante le loro visite annuali (a volte anche più frequenti) presso gli esercizi pubblici di ristorazione.

In buona sostanza, grazie ai nostri ispettori sanitari, il pranzo che comprate alla bancarella del mercatino non è solo gustoso, è anche molto sicuro.

10
Lavorare
nella valle delle lacrime

La vita è come una cipolla.
La sbucci uno strato alla volta; e a volte si piange.
Carl Sandburg, poeta americano

Avete presente quando viene da piangere mentre si affetta una cipolla in cucina? Ora immaginate cosa può voler dire affettare 70 tonnellate di cipolle tutte insieme, cioè quello che avviene in una tipica giornata di lavoro in uno stabilimento alimentare dove interi container di cipolle crude vengono trasformati in anelli di cipolla fritti. Si tratta certamente di una quantità enorme di cipolle, ma anche di una quantità enorme di lacrime. Allo stabilimento, dicono che ci si abitua a tagliare le cipolle e si smette di piangere dopo alcuni minuti.

Per quanto difficile possa sembrare abituarsi a piangere ogni giorno, è questo uno degli aspetti del lavoro del responsabile del controllo qualità dello stabilimento, che sovrintende allo svolgimento delle operazioni quotidiane per garantire che gli anelli di cipolla pastellata siano uguali giorno dopo giorno. E ora piange solo quando qualcosa va storto nel processo produttivo.

Il responsabile del controllo qualità presso uno stabilimento di produzione alimentare ha una doppia funzione: in primo luogo garantire che i prodotti siano sicuri dal punto di vista alimentare e, in secondo luogo, garantire che i prodotti siano della massima qualità.

Nello stabilimento degli anelli di cipolla surgelati, le cipolle che entrano trasportate dai camion vengono adeguatamente pulite, selezionate e sbucciate prima di essere accuratamente tagliate in anelli – e qui sì che viene da piangere. Gli anelli di cipolla vengono inzuppati nella pastella prima di essere inviati alla friggitrice. Infine, gli anelli cotti parzialmente vengono surgelati prima del confezionamento.

Come scienziato alimentare, il responsabile del controllo qualità applica i principi della chimica, della fisica, dell'ingegneria, della microbiologia, dell'economia e anche della psicologia (perché mangiamo quello che mangiamo?) alla produzione dei cibi su vasta scala. A differenza dei cuochi, il cui interesse principale sta in cucina, gli scienziati alimentari si preoccupano della produzione su vasta scala di cibi di alta qualità e di grande potere nutritivo, sicuri dal punto di vista del consumo, in particolare dopo periodi prolungati di conservazione.

Per degli anelli di cipolla fatti in casa avrete bisogno di pulire, selezionare, sbucciare e tagliare circa mezzo chilo di cipolle; per lo stesso piatto al ristorante, uno chef probabilmente dovrà occuparsi di 10 chili di cipolle ogni sera. Lo stabilimento di produzione tratta 70 tonnellate di cipolle al giorno. Giusto per darvi un'idea delle dimensioni del lavoro.

Il compito più importante del responsabile del controllo qualità è quello di garantire che il prodotto finito sia sostanzialmente privo di batteri, così da essere assolutamente sicuro da mangiare. Ma soprattutto, il responsabile del controllo qualità deve garantire che il prodotto rispetti i più alti standard di qualità. Nel caso degli anelli di cipolla surgelati, "qualità" può voler dire molte cose diverse. Gli anelli devono presentare un rivestimento in pastella uniforme. Non sono tollerati anelli pastellati solo a metà. Ogni confezione deve contenere lo stesso numero di anelli di cipolla: se ce ne fossero troppo pochi i consumatori (per non parlare della FDA – *Food and Drug Administration*) presenterebbero immediatamente un reclamo. D'altra parte, metterne qualcuno in più equivale a una perdita di denaro. Queste questioni, assieme a molte altre, fanno parte dei compiti quotidiani di un responsabile del controllo qualità.

Ma cos'è che ci fa piangere mentre tagliamo a fette una cipolla? Nell'affettarla, rompiamo le cellule della cipolla, facendo reagire un enzima con gli amminoacidi contenuti in essa. Vengono così prodotti diversi composti dello zolfo, tra cui un composto volatile chiamato *1-propantiale-S-ossido* che evapora nell'aria e raggiunge i nostri occhi, dove forma acido solforico. Chiunque piangerebbe con dell'acido solforico negli occhi.

In ogni caso, allo stabilimento degli anelli di cipolla, le persone hanno sviluppato un'immunità al pianto da cipolla tagliata. In qualche modo, i loro occhi si adattano all'ambiente acido e smettono di lacrimare. Se ci fate un giro, vi accorgerete subito di chi sono i nuovi arrivati: sono quelli con gli occhi lucidi.

Se siete anche voi tra quelli che non lavorano in uno stabilimento di cipolle, come fare per tagliare le cipolle senza lacrimare? Finora sono state consigliate diverse tecniche, dal tagliare le cipolle sotto l'acqua all'indossare degli occhiali di protezione. Alcuni addirittura suggeriscono di addentare una fetta di pane mentre si tagliano le cipolle in maniera che i vapori siano assorbiti dal pane invece che finire negli occhi.

I cuochi raccomandano di rimuovere con attenzione il bulbo della cipolla sul lato delle radici, dato che è lì che si concentra l'enzima. Se fate attenzione a non tagliare di netto il bulbo, non lacrimerete mentre affettate la cipolla. Oppure potete aspettare che l'ingegneria genetica inventi una cipolla priva del problematico enzima della cipolla "strappalacrime".

Nel frattempo, al responsabile del controllo qualità allo stabilimento non resta che conservare l'immunità alle cipolle tagliate durante lo svolgimento dei propri compiti per verificare che il prodotto rispetti tutti gli standard sanitari e di qualità.

11
I microrganismi nel cibo: sono tutti nocivi?

Da cosa deriva il delizioso aroma del formaggio *Limburger*? Dalla selezione di batteri. Batteri nel cibo? Com'è possibile? "Contiene colture attive", c'è scritto sull'etichetta del vasetto di yogurt. E "colture di avviamento" o "starter microbici" sono delle selezioni di batteri che favoriscono la conservazione degli insaccati e ne intensificano il sapore. Yogurt, insaccati e formaggio *Limburger* sono tutti esempi di cibi prodotti grazie ai microrganismi.

Nonostante il crescente allarmismo per le infezioni alimentari e le contaminazioni microbiche dei nostri prodotti alimentari, non tutti i microrganismi presenti nei cibi sono nocivi. Molti di essi, come i batteri, i lieviti, ma anche le muffe, vengono usati per la produzione di diversi alimenti. In realtà, alcune delle caratteristiche più importanti e probabilmente più piacevoli di tali prodotti sono dovute proprio a essi.

Senza i microrganismi, non avremmo il formaggio e lo yogurt, il pane, i sottaceti, i crauti e alcuni insaccati, per non parlare della birra e del vino. Senza i microrganismi, il formaggio svizzero non avrebbe i buchi e il formaggio *Bleu* non avrebbe la muffa. E il formaggio *Limburger* non avrebbe quel caratteristico odore.

I microrganismi consumano determinati nutrienti che si trovano nei cibi, con risultati particolari e molto spesso unici. Per esempio, i lieviti consumano gli zuccheri contenuti nel mosto, trasformandoli nell'alcol del vino, così come consumano anche gli zuccheri nel mosto di malto, il liquido ottenuto con l'orzo da birra, producendo l'alcol contenuto nella birra.

La grande varietà di birre che esiste sul mercato è il risultato dell'azione di tipi diversi di lievito. Per esempio, il *Saccharomyces cerevisiae*, un lievito ad alta fermentazione, viene impiegato per la produzione di birre del tipo *ale*, mentre il *Saccharomyces carlsber-*

gensis, un lievito a bassa fermentazione, è utilizzato per produrre le birre del tipo *lager*.

I microrganismi sono responsabili anche della produzione di diossido di carbonio (l'anidride carbonica), indispensabile per ottenere le bollicine dello champagne e l'aspetto schiumoso della birra.

Tra i primi alimenti fermentati vi furono probabilmente i cavoli acidi o crauti. La variegata flora microbica che generalmente vive sul cavolo cappuccio è sufficiente a innescare la fermentazione, come si può ben notare dall'odore presente nei campi quando questa verdura non viene raccolta: cavoli vostri, dirà qualcuno. Nella produzione commerciale di crauti si fa ricorso a una determinata quantità di sale per limitare lo sviluppo di certi microrganismi e regolare la fermentazione. Il consumo di cavoli cappuccio conservati sotto forma di crauti apporta anche numerosi benefici alla salute: si pensa che fosse il motivo per cui i marinai olandesi non si ammalavano mai di scorbuto. Più recentemente, è stato dimostrato che alcuni componenti dei crauti (e del cavolo cappuccio) prevengono certi tipi di cancro.

Allo stesso modo, molti prodotti caseari sono il risultato di una fermentazione: le colture batteriche utilizzano il lattosio per produrre acido lattico, il quale fa coagulare la caseina, consentendo la formazione dello yogurt. Alcune popolazioni di microrganismi dello yogurt, inoltre, favoriscono la salute dell'apparato digerente: proprio per questo esiste un intero settore dell'industria alimentare la cui ricerca scientifica mira a includere questi salutari microrganismi, detti "probiotici", nei nostri cibi (vedi Capitolo 12).

Il formaggio è addizionato con particolari tipi di colture batteriche che contribuiscono alla "maturazione" del sapore durante la conservazione. L'invecchiamento del formaggio, infatti, è caratterizzato da una complessa catena di reazioni, che avvengono a mano a mano che i batteri degradano componenti quali proteine, grassi e zuccheri. Un formaggio *Cheddar* invecchiato sviluppa quel particolare sapore e quella struttura grazie all'attività costante dei microrganismi durante la conservazione. Altri batteri, invece, producono il gas che crea i buchi del formaggio svizzero, così come alcune muffe vengono aggiunte in formaggi come il *Brie*, il *Camembert* e i formaggi *Bleu* (come il gorgonzola) per favorire la maturazione del sapore.

Ma cosa conferisce al formaggio *Limburger* quell'aroma pungente? Esso si deve a una coltura batterica impiegata nel suo processo produttivo, in questo caso di *Brevibacterium linens*. La crosta del formaggio viene lavata con la coltura batterica, che reagisce rompendo le proteine del formaggio, liberando agenti chimici contenenti zolfo e conferendo al *Limburger* l'odore che lo distingue. Dal momento che è solo la parte esterna del formaggio a essere risciacquata, gran parte dell'odore si concentra sulla superficie; l'interno, infatti, è molto meno profumato.

È curioso notare che un parente stretto dei batteri usati per la produzione del *Limburger*, il *Brevibacterium epidermidis*, trovi tra le dita dei piedi il suo ambiente preferito per vivere. Ecco perché non dovrebbe stupirci troppo il fatto che il formaggio *Limburger* abbia un odore abbastanza simile a quello di piedi.

Formaggio *Limburger* a parte, non tutti i microrganismi nel cibo sono nocivi. Un pranzo a base di yogurt, pane e formaggio, *sciacquati* con un bel bicchiere di birra o vino, è uno dei migliori pasti microbici che possiate fare. È probabile che un pasto del genere apporti notevoli benefici anche per la salute, sebbene vada ricordato che ci vuole sempre moderazione in tutto, specialmente con il formaggio *Limburger*.

12
I probiotici, alimenti a base di colture vive

Quando i *conquistadores* spagnoli invasero i territori delle popolazioni azteche ai primi del Cinquecento, avrebbero dovuto portare con sé dello yogurt.

Durante l'esplorazione del Nuovo Mondo, molti tra i *conquistadores* furono colpiti dalla diarrea del viaggiatore, fenomeno che fu chiamato "la vendetta di Montezuma", dal nome del leader azteco sconfitto da Cortez. I disagi di quell'avventura avrebbero potuto essere attenuati, se non evitati completamente, se gli esploratori avessero avuto a disposizione i batteri "buoni" dello yogurt per combattere i batteri "cattivi" dell'acqua.

È un fatto ampiamente riconosciuto che lo yogurt faccia bene alla salute: dato che facilita una buona digestione e incentiva la risposta immunitaria, molti ritengono che sia un alimento benefico. L'immagine salutare che viene attribuita allo yogurt si deve, almeno in parte, ai batteri che contiene. L'etichetta del vasetto deve però riportare la scritta "Contiene colture attive" affinché si possano realmente attribuire al prodotto alcuni benefici per la salute, in particolare una digestione più facile (vedi Appendice per approfondimenti sulla legislazione dello yogurt e dei probiotici in Italia, *n.d.C.*).

Le colture batteriche, come quelle di *Lactobacillus bulgaricus* e di *Streptococcus thermophilus*, vengono aggiunte al latte allo scopo di produrre un gel di proteine che conferisce allo yogurt la consistenza semi-solida; i batteri sono responsabili anche del tipico sapore dello yogurt. I batteri sfruttano il lattosio presente nel latte per svilupparsi e riprodursi, producendo allo stesso tempo acido lattico. L'acidità (pH basso) causata dalla produzione di acido lattico fa coagulare la proteina del latte, la caseina.

Il risultato è la tipica consistenza dello yogurt, simile a un gel. Variando le caratteristiche della coltura batterica e il processo di produzione (la temperatura, il rimescolamento, ecc.) è possibile produrre molti tipi di yogurt diversi, da quello più simile a un budino che si mangia con il cucchiaino a quello semiliquido da bere. Il kefir, un derivato del latte fermentato che sta diventando sempre più popolare, presenta una consistenza fluida simile a quella dello yogurt dovuta ai tipi di batteri e lieviti utilizzati per produrlo.

Indispensabili per la produzione dello yogurt, si ritiene che i batteri siano salutari in quanto potenziano la capacità di digestione e la risposta immunitaria. Per agevolare questi benefici per la salute, in seguito alla fermentazione, alcuni produttori aggiungono allo yogurt altre specie di batteri, come il *Lactobacillus acidophilus* e il *Bifidobacterium*. I batteri che compongono colture microbiche benefiche per la nostra salute vengono indicati con il termine "probiotici".

"Probiotico" deriva dal greco *pro* e *bios*, che insieme vogliono dire "a favore della vita". Secondo la definizione dell'Associazione Nazionale dello Yogurt americana, i probiotici sono

organismi viventi che, in seguito alla loro ingestione in adeguati quantitativi, apportano benefici per la salute non desumibili da una normale alimentazione.

Affinché vi sia un reale beneficio per la salute, lo yogurt deve contenere delle colture attive, e non sempre succede.

L'Associazione Nazionale dello Yogurt ha infatti disposto che, al momento della produzione, lo yogurt debba contenere 100 milioni di batteri vivi per grammo affinché possa ottenere il sigillo di garanzia "Coltura Attiva Viva". Gli yogurt che non presentano tale numero di batteri non apportano un grado sufficiente di benefici per la salute e pertanto non possono ottenere il sigillo di garanzia.

Si ritiene che i probiotici agiscano influenzando la naturale popolazione batterica presente nell'apparato digerente. L'ingestione di batteri vivi può influenzare lo sviluppo della comunità batterica residente nel tratto intestinale, esercitando così dei benefici sulla salute stessa. I batteri probiotici sono particolarmente utili nel caso in cui il numero dei "batteri amici" sia compromesso, come avviene quando si assumono antibiotici per curare le infezioni (causate da batteri nocivi). I probiotici possono risultare utili anche quando troppi batteri nocivi sono presenti nell'organismo, com'è nel caso della diarrea del viaggiatore.

La moda dei prodotti probiotici è fonte di grande profitti non solo per i produttori di yogurt. Uno specifico settore dell'industria alimentare è alla continua ricerca di metodi per incorporare questi microrganismi negli alimenti che consumiamo quotidianamente. Dai cereali contenenti colture di *Lactobacillus* (ma anche estratto di broccoli!) alle barrette dietetiche di cioccolato "contenenti oltre cinque volte le colture attive presenti in uno yogurt", i cibi probiotici vengono immessi sul mercato con l'obiettivo di contribuire a migliorare le condizioni generali di salute (e di vendere bene).

A differenza dei *conquistadores* spagnoli, i turisti di oggi hanno a disposizione diverse possibilità per contrastare la diarrea del viaggiatore. La prossima volta che andrete all'estero, per evitare problemi di digestione ricordatevi di mangiare yogurt contenente colture attive o, perché no, uno dei nuovi prodotti probiotici.

13
Conservare il guacamole come appena fatto

Come si fa a impedire che il guacamole si imbrunisca? Mangiatelo tutto, ovviamente. E se invece la porzione era più grande di quello che pensavate di poter mangiare, oppure volevate prepararlo in anticipo per la festa di stasera? Come si fa a impedire che diventi di un colore che ricorda molto il fango delle pozzanghere?

Cerchiamo innanzitutto di chiarire quali sono le cause dell'imbrunimento.

La polpa di alcuni frutti o di alcune verdure, come l'avocado, la patata e la mela, si imbrunisce rapidamente dopo che li abbiamo tagliati. Fino a un momento prima andava tutto bene, ma non appena li tagliamo ecco che rapidamente assumono un colore non proprio gradevole a vedersi.

Tagliando a fette una mela o pestando un avocado, esponiamo all'aria l'interno delle loro cellule, facendo reagire un enzima, una *polifenolo ossidasi* (PPO) contenuta al loro interno, con l'ossigeno nell'aria. Questa reazione enzimatica porta alla formazione di pigmenti melanoidinici. Nel caso del guacamole, il risultato è una poltiglia marrone e verde non propriamente invitante.

In alcuni casi, l'imbrunimento enzimatico è un effetto voluto. Il colore marrone scuro dell'uva passa è dovuto in parte all'attività della PPO. Con l'essiccamento dell'uva, alcune cellule si rompono, esponendo la PPO all'aria: la tipica uvetta marrone ne è il risultato.

Ma con il guacamole questo tipo di reazione non è certamente una bella cosa. Sono stati proposti numerosi metodi per impedire che il guacamole diventi marrone: secondo alcuni il metodo migliore è aggiungere semi di avocado, mentre altri sostengono che sia necessario chiuderlo ermeticamente con pellicola trasparente. Anche aggiungere dell'abbondante succo di limone sembra rallentare l'imbrunimento. Secondo alcuni chef, alcuni oli impediscono al guacamole di scurire fino a tre giorni.

Ma quale metodo è il migliore? Per scoprirlo, diamo un'occhiata a ogni metodo e vediamo come funziona.

Forse il sistema più vecchio e più comune consigliato per rallentare l'imbrunimento del guacamole è quello di collocare un seme di avocado intero al centro della salsa. Perché questa sia una soluzione efficace, il seme dovrebbe interagire in qualche modo con la PPO per inibire l'imbrunimento del colore. Ho provato a farlo personalmente, sistemando il seme al centro di una piccola ciotola di guacamole, e lasciandola una notte in frigo. Il giorno seguente il guacamole era marrone. Solo la parte proprio al di sotto del seme era ancora verde. Il guacamole aveva esattamente lo stesso aspetto di quello contenuto nella ciotola di controllo senza il seme. Sembra quindi che la soluzione del seme non funzioni, a meno che non abbiate a disposizione un numero sufficiente di semi da coprire l'intera ciotola.

In seguito ho coperto e sigillato una ciotola di guacamole fresco di colore verde con la pellicola trasparente, senza lasciare aria tra la plastica e il guacamole. Ho provato anche a riempire una ciotola di plastica con del guacamole, chiudendola ermeticamente con un coperchio, assicurandomi di non aver lasciato aria tra la salsa e il coperchio. Il giorno dopo la salsa contenuta nelle due ciotole era ancora verde. Come mai? Perché i contenitori sigillati ermeticamente hanno impedito alla PPO di entrare in contatto con l'aria e quindi non era avvenuta nessuna reazione.

E il succo di limone? Avevo aggiunto a tutto il guacamole utilizzato in queste prove una piccola quantità di succo di limone, quindi di per sé stesso l'acido presente in esso non è stato in grado di bloccare la reazione enzimatica quando la salsa era esposta all'aria. Ho provato a distribuire abbondantemente del succo di limone su di un'altra ciotola di guacamole, ma anche questo campione il giorno seguente presentava un colore marrone, forse leggermente meno della salsa di controllo. L'acido ascorbico e l'acido citrico contenuti nel succo di limone sono in grado di inibire l'imbrunimento enzimatico, anche se si ritiene che l'acido ascorbico puro sia il migliore tra i due.

Ultimamente sono comparse sul mercato delle confezioni sottovuoto di guacamole. Il confezionamento sottovuoto consente di prolungare la vita del prodotto rimuovendo l'aria, ma alcuni produttori si spingono oltre. In certi prodotti, infatti, la PPO è stata resa innocua dalla pressione elevata, un procedimento che fa sprigionare l'enzima, annullando la sua attività. Anche se lasciato una notte esposto all'aria in una ciotola nel frigorifero, il guacamole trattato a pressione elevata è rimasto verde come appena fatto. La combinazione dell'inattivazione della PPO attraverso la pressione elevata con la riduzione del contenuto di ossigeno consentita dal confezionamento sottovuoto rende possibile conservare il guacamole per diverse settimane senza che si presenti lo sgradevole color marrone.

La prossima volta che avrete bisogno di conservare il guacamole per alcune ore o alcuni giorni, ricordatevi di fare ricorso a uno dei sistemi che qui si sono dimostrati più utili. Grazie alle scoperte nel campo delle scienze dell'alimentazione, potrete preparare il vostro guacamole oggi e gustarlo comodamente anche domani.

14
Parole di burro

Più untuosa del burro è la sua bocca,
ma nel cuore ha la guerra.
Salmo 55:21

Che seccatura questo burro. Un'altra fetta di pane rovinata per cercare di spalmare il burro appena prelevato dal frigo. Proprio non si riesce. Perché non fanno un burro che si possa spalmare appena tirato fuori dal frigo, come la margarina?

In realtà lo fanno: in commercio si può trovare tranquillamente del burro spalmabile, più o meno. Ma prima di parlare di come si fa il burro spalmabile (nel prossimo capitolo), parliamo dell'origine del burro e di come è fatto.

Il burro è un'invenzione antica tanto quanto la storia stessa, se mi consentite l'espressione. Sappiamo che il burro è un prodotto che viene dalle mucche, ovviamente, ma può anche venire dagli yak, dalle capre, dalle pecore o dai cammelli. Di fatto, può essere prodotto a partire dal latte di qualsiasi mammifero che contenga una quantità sufficiente di grassi. Il latte di mucca contiene solo il 3-4% di grassi, e produce un buon burro. Il latte dello yak contiene il 5-7% di grassi: l'alto contenuto di grassi produce un burro eccellente. Il latte di foca contiene oltre il 50% di grassi: apparentemente potreste ricavarne un burro buonissimo, ma avete mai sentito nominare il "burro di foca"? I cuccioli di foca devono proprio avere bisogno di molto grasso, sia per il nutrimento che per la protezione dagli agenti ambientali.

E infatti, il latte, compreso il grasso che contiene, è la soluzione che gli animali hanno "escogitato" proprio per soddisfare i bisogni nutrizionali della prole. Poiché il suo punto di fusione si trova a una temperatura minore rispetto a quella corporea, il grasso contenuto nel latte che sgorga dalla ghiandola mammaria è disciolto, consentendo al latte di fuoriuscire allo stato liquido, sorgente di nutrimento facilmente assimilabile dai cuccioli. Inoltre, il grasso del latte è fonte di una varietà di acidi grassi necessari ai piccoli per crescere e svilupparsi.

Sfortunatamente, però, il grasso del latte non è stato propriamente pensato per essere spalmato sul pane appena estratto dal frigorifero, dal momento che esso assume uno stato pressoché solido quando raffreddato. Il grasso del latte, con una temperatura di fusione a circa 35°C, appena al di sotto della temperatura corporea, cristallizza a basse temperature. Più viene fatto raffreddare, più cristallizza e più duro diventa.

Ma a seconda del metodo con cui si produce il burro si può modificare la cristallizzazione del grasso, con delle conseguenze sulla sua durezza e spalmabilità.

Per produrre il burro, il grasso viene separato dal latte attraverso la panna e successivamente sbattuto. La panna, nella terminologia specialistica "crema di latte", non è altro che un'emulsione di grasso in acqua in cui quest'ultima conta per il 55-60%. Un gran numero di goccioline di grasso di latte si trova disperso in una fase acquosa. Il burro, che contiene circa il 18% di acqua, è invece un'emulsione di acqua in grasso, in cui le goccioline d'acqua sono disperse in una fase continua di grassi. Per fare il burro è necessario invertire l'emulsione originaria della panna (da grassi in acqua ad acqua in grasso) e ridurre considerevolmente il contenuto liquido: è quello che si fa nella fase dello sbattimento, o zangolatura.

Dato che il latte di mucca contiene soltanto il 3-4% di grasso e il burro è composto almeno dall'80% di grasso, ci vogliono circa 10 chili di latte per produrre mezzo chilo di burro. Il prodotto secondario è il siero di latte. Praticamente nessuno beve più il siero di latte, per cui solitamente viene essiccato per ottenere una polvere utilizzata come ingrediente in diversi alimenti.

Il procedimento più antico a noi noto per la produzione del burro, praticato in Medio Oriente, consisteva nel versare la crema di latte in una pelle di capra appesa a un palo che veniva fatto roteare finché non si formava il burro. Il movimento agitatorio faceva invertire i componenti dell'emulsione: il siero veniva scolato, facendo rimanere solo il burro. I vecchi sistemi richiedevano grandi energie.

Anche voi potete provare a fare il burro: riempite una brocca di panna e scuotetela a lungo. È probabile che vi stanchiate presto di sbattere, senza completare l'inversione della panna in burro. Ecco perché, nel corso degli anni, sono stati sviluppati diversi macchinari per semplificare la fase dello sbattimento.

Alcune zangole sfruttavano gli animali per scuotere o ruotare il contenitore della panna per fare il burro. Altri utilizzavano dei barili di legno inseriti in un aggeggio rotante azionato con una manovella. Ma forse la zangola più nota è l'antica zangola a mano. Vi ricordate le vecchie fotografie di una volta in cui si vedono le mogli dei fattori che lavorano sbattendo il manico verticale, o stantuffo, di uno stretto e alto cilindro? Si trattava della zangolatura del burro.

Le moderne zangole industriali sono grandi macchinari in acciaio inox che sbattono costantemente il burro, emettendo un flusso di burro semisolido. Tutte le fasi della burrificazione, inversione della panna, separazione dal siero, lavaggio e impastamento, e infine la salatura, vengono eseguite in una serie di macchine in sequenza all'interno di un processo continuo. Grazie a queste moderne zangole, può essere prodotta oltre una tonnellata di burro all'ora.

Che usiate la pelle di capra o una zangola di ultima generazione, il burro è sempre più o meno lo stesso. Indipendentemente da come viene fatto, quando viene fatto raffreddare in frigo, è troppo duro per essere spalmato. Nel prossimo capitolo, analizzeremo i fattori che influenzano la spalmabilità del burro.

15
Spalmare il burro sul pane: è sempre la solita storia?

Nel capitolo precedente abbiamo visto come si fa il burro. Ora possiamo passare alla spalmabilità. Come mai spalmare sul pane il burro appena prelevato dal frigo è come tentare di spalmare un sasso, mentre non succede lo stesso con la margarina? Dipende tutto dai cristalli di grasso, da quanti ce ne sono, di quale tipo e come si raggruppano. È importante anche comprendere che il grasso di latte, a causa della sua diversa composizione chimica, cristallizza a temperature molto diverse. Si scioglie a circa 35°C, ma contiene una quantità sempre maggiore di grasso cristallizzato, o solido, man mano che la temperatura scende. Alle temperature del frigo, circa il 50% del grasso di latte è cristallizzato, il resto è liquido.

Il burro viene prodotto invertendo un'emulsione di panna (grassi in acqua) in un'emulsione di acqua in grassi, ma dal momento che la panna è fredda quando viene trasformata in burro, parte del suo grasso è già cristallizzato. Pertanto la regolazione della durezza del burro si basa in primo luogo sulla gestione dei cristalli di grasso nella panna prima della fase di zangolatura.

Esporre la panna alle condizioni adeguate di temperatura consente di regolare la formazione dei cristalli di grasso di latte, che alla fin fine è quello che condiziona la spalmabilità. Un rapido raffreddamento della panna calda in uscita dal pastorizzatore favorisce la formazione di un grande numero di piccoli cristalli di grasso di latte, mentre un raffreddamento lento produce un numero minore di cristalli di dimensioni maggiori. Dato che il numero e la dimensione dei cristalli condizionano la spalmabilità, è importante che vi sia il giusto equilibrio.

Per migliorare la spalmabilità, la panna viene prima fatta raffreddare rapidamente a circa 7°C e quindi mantenuta a temperatura costante per un paio di ore. Questo procedimento favorisce la formazione di un grande numero di piccoli cristalli di grasso. La panna viene poi portata a circa 20°C e tenuta a quella temperatura per altre due ore circa allo scopo di sciogliere una parte dei cristalli di grasso, conservando solo quelli con un punto di fusione più elevato. La zangolatura di questo tipo di panna produce un burro relativamente spalmabile.

Tuttavia, il procedimento permette di ottenere solo quel risultato. A temperatura di refrigerazione vi è ancora troppo grasso cristallizzato presente nel burro: alle volte la percentuale di grasso di latte solidificato si colloca intorno al 50%, troppo perché il burro risulti spalmabile. Al contrario, fatta raffreddare, la margarina contiene solo il 15-20% di grasso cristallizzato, a seconda della qualità. La margarina in panetti contiene una quantità leggermente maggiore di grasso solido, mentre quella in vaschetta ne contiene leggermente meno.

Dato che il contenuto di grasso solido è sempre troppo elevato a basse temperature, per ottenere un burro spalmabile si rendono necessari altri metodi. Uno di questi è quello di attrezzare il frigorifero con uno scompartimento a temperatura più elevata, che consente di conservare il burro senza essere obbligati a esporlo per molto tempo alla temperatura esterna, causandone l'ossidazione e l'irrancidimento. A quanto pare molto diffuso in Nuova Zelanda, questo sistema funziona, ma dovete avere un frigo fatto apposta.

I neozelandesi hanno inventato anche un modo per modificare la natura del grasso del burro per renderlo più spalmabile. Dato che il grasso del latte è composto da una miscela di diversi grassi che fondono a temperature diverse, hanno separato le componenti con il punto di fusione più elevato dai grassi con punto di fusione più basso attraverso un processo chiamato "frazionamento". Le due componenti sono state poi rimescolate insieme in una proporzione specifica per produrre un burro con un contenuto minore di grasso solido a temperatura di frigo, e pertanto molto più spalmabile. Negli anni '90 il prodotto è stato commercializzato senza grande successo in Gran Bretagna.

Più recentemente è stato immesso sul mercato internazionale un burro spalmabile il cui grasso solido a temperatura di refrigerazione viene ridotto grazie all'aggiunta di olio di canola, una varietà di colza sviluppata in Canada. L'olio di canola liquido non fa altro che diluire il grasso di latte solido, riducendo la quantità di grasso solido e ammorbidendo così il burro.

Ma questo metodo funziona davvero? Non del tutto: forse si spalma meglio del burro vero, ma ancora non si raggiungono i livelli della margarina. Perché allora non aggiungere una quantità maggiore di olio di canola per spalmarlo meglio?

Il problema risiede all'altro estremo dello spettro di temperature. Se si rimuove troppo grasso solido, il burro non sarà abbastanza duro a temperatura ambiente. Sostanzialmente sarà troppo liquido. Non sarà spalmabile, sarà versabile. No, così non va. Purtroppo, con il burro è sempre la stessa storia: o è troppo duro a temperatura di frigo, o è troppo morbido a temperatura ambiente.

In sostanza, il burro spalmabile rimane ancora un prodotto di fabbricazione piuttosto difficile. La soluzione migliore rimane quella di ricordarsi di togliere il burro dal frigo 15-20 minuti prima di spalmarlo sul pane. La temperatura più elevata riduce il contenuto di grasso solido, rendendolo più morbido e facile da spalmare. L'unico problema è: chi se lo ricorderà mai?

16
Burro o margarina?

Le informazioni che riceviamo sull'alimentazione possono indurci in confusione, in particolare per quanto riguarda i grassi. E a ogni nuova scoperta i produttori lanciano sul mercato un'ondata di nuovi cibi, si spera più sani, per rispondere alle preoccupazioni dei consumatori.

Anni addietro ci era stato detto che era meglio mangiare margarina al posto del burro, poiché a lungo andare i grassi saturi contenuti nel burro potevano provocare coronaropatie. Anche i grassi tropicali (di palma, di cocco…) rientravano nella lista nera, perché presentavano alti livelli di grassi saturi particolarmente nocivi per la salute. Di conseguenza le industrie alimentari hanno sostituito i grassi tropicali presenti nei cibi, e noi abbiamo cominciato a mangiare meno burro.

Ora, però, ci viene detto che forse il burro non è poi così male, specialmente se paragonato alla margarina prodotta con oli vegetali idrogenati.

Studi recenti hanno dimostrato che gli oli vegetali parzialmente idrogenati, che portano alla formazione degli acidi grassi di tipo *trans*, potrebbero essere addirittura peggiori dei grassi saturi che in teoria bisognava evitare.

A causa di questi allarmi per la salute, ora tutti gli alimenti devono indicare sulla confezione il contenuto di grassi *trans* assieme a quello di grassi saturi. Diversi gruppi di persone, addirittura intere città, hanno preso l'allarme piuttosto sul serio e hanno eliminato totalmente dalla propria dieta i grassi *trans*. Ma vediamo cosa sono questi famigerati grassi *trans* e come hanno fatto a entrare nei cibi che consumiamo.

Gli acidi grassi possono essere saturi o insaturi. Quelli saturi sono lunghe catene di carbonio disposte in linea sostanzialmente retta. Gli acidi grassi insaturi si trovano nei cibi in due forme, *trans* e *cis*, a seconda dell'orientamento di certe molecole di carbonio contenute nell'acido grasso. La catena di carbonio degli acidi grassi *cis* è piegata quasi a forma di *V*, mentre gli acidi grassi *trans* contengono una catena di carbonio disposta in linea retta, con una specie di nodo al centro. Gli acidi grassi insaturi *trans* hanno una forma più simile a quella dei grassi saturi che a quella dei grassi insaturi *cis*. Questa differenza nella conformazione delle molecole dei grassi insaturi si riflette anche in una differenza fra le proprietà fisiche e nel loro impatto sulla salute umana.

Per esempio, i punti di fusione sono diversi. I grassi insaturi *cis* hanno un punto di fusione molto basso, al di sotto della temperatura ambiente, poiché le molecole "storte", piegate ad angolo, hanno difficoltà a raggrupparsi e pertanto si presentano solitamente sotto forma di oli liquidi. I grassi insaturi *trans*, invece, avendo una catena più distesa (benché contorta), formano cristalli con maggiore facilità e hanno un punto di fusione leggermente al di sopra della temperatura corporea. È questo punto di fusione più elevato che rende gli oli vegetali idrogenati contenenti grassi insaturi *trans* particolarmente utili per produrre le miscele di grassi vegetali per i prodotti da forno e la margarina. In ogni caso, c'è qualcosa nella conformazione contorta di questi grassi insaturi *trans* che conduce a un impatto negativo sulla salute.

Ma allora quali grassi possiamo mangiare? Gli oli insaturi, come l'olio di canola e quello di oliva, se assunti in dosi moderate, possono soddisfare ragionevolmente le nostre esigenze. Certo, non sono degli ottimi oli da frittura, né possono essere trasformati in margarina o in grasso solido senza alterare in qualche modo le proprietà di fusione.

Il discorso ci induce ad approfondire i metodi di trasformazione dei grassi. Se l'idrogenazione non va più bene a causa del problema dei grassi *trans*, quali soluzioni abbiamo per produrre grassi con le giuste proprietà di fusione per fare il pane e le torte?

Un approccio recente è quello che prevede l'alterazione genetica delle piante per produrre grassi con proprietà più adatte. Per esempio, l'ingegneria genetica sta ricercando un tipo di soia che contenga una quantità ridotta di acidi grassi polinsaturi e saturi, a vantaggio degli acidi grassi monoinsaturi (acido oleico *cis*). In teoria un olio prodotto con soia di questo tipo non irrancidisce rapidamente, come spesso succede agli oli polinsaturi, e può essere utilizzato come olio da frittura senza idrogenazione parziale.

Produrre grassi alimentari industriali spalmabili a basso contenuto di grassi *trans* è un po' più complicato. Un metodo è quello di frazionare un grasso come l'olio di palma in grasso solido e olio liquido. Per farlo bisogna raffreddare lentamente il grasso disciolto fino alla formazione dei primi cristalli, e quindi separare i cristalli aventi un punto di fusione più elevato. Il grasso ad alto punto di fusione (chiamato stearina) contiene soprattutto acidi grassi saturi in lunghe catene (acido palmitico e acido stearico), mentre l'olio liquido (l'oleina) contiene una maggiore quantità di grassi insaturi. Mescolando con attenzione la stearina ad alto punto di fusione con un olio liquido nelle dosi appropriate, si può ottenere un grasso spalmabile con le proprietà desiderate (durezza, spalmabilità ecc.).

Purtroppo questo sistema per ridurre il contenuto di acidi grassi *trans* implica un aumento di grassi saturi, a seconda della quantità di grasso solido che deve essere aggiunta. In un certo senso, siamo incastrati tra l'incudine dei grassi saturi e il martello dei grassi *trans*. Operando correttamente si possono limitare al minimo i danni, riducendo praticamente a zero il contenuto di acidi grassi *trans* con un incremento comunque modesto di grassi saturi. Tenendo presente, però, che ci sono davvero poche possibilità di sostituire gli acidi grassi insaturi *trans* nei nostri alimenti e avere comunque la giusta struttura e sensazione al palato che desideriamo.

La nuova ondata di prodotti a basso contenuto di grassi *trans* arrivata sul mercato è un risultato diretto della maggiore comprensione delle conseguenze che gli alimenti hanno sulla salute. Con il continuo avanzamento delle conoscenze sulla salute umana e sulla nutrizione, verranno sicuramente introdotti nuovi cibi che meglio soddisfano le nostre esigenze nutrizionali.

17
Il sapore del cioccolato

Una volta un amico mi ha detto, per scherzare, che se si provasse a fare una miscela di tutti i composti chimici conosciuti, il risultato, dal punto di vista dell'aspetto, dell'odore e forse anche del gusto, potrebbe assomigliare un po' al cioccolato. Quello che intendeva dire è che il gusto del cioccolato deriva da un'ampia gamma di diversi composti chimici che, miscelati, producono un perfetto equilibrio naturale.

Come mai i differenti tipi di cioccolato possono avere gusti così diversi? Per capirlo bisogna risalire fino alle origini di questo alimento, nelle piantagioni di cacao dei Paesi equatoriali, e ai procedimenti utilizzati per produrlo a partire dalle fave di cacao.

Un baccello (detto cabosside), il frutto della pianta del cacao, contiene da 30 a 40 semi racchiusi in una buccia verrucosa e avvolti da una polpa interna. Le fave di cacao sono i semi da cui crescono nuove piante e che, in seguito a lavaggio ed essiccamento, costituiscono la materia prima del cioccolato.

Il sapore del cioccolato deriva dalle sostanze chimiche che in origine si trovano nelle fave, allo stesso modo in cui l'uva e i chicchi di caffè sono responsabili del sapore del vino e del caffè. Esistono diverse sottospecie di piante di cacao, ognuna delle quali produce fave con un proprio aroma particolare. Il tipo più comune è il *Forastero*, preferito per la sua resistenza alle malattie e il robusto sapore di cioccolato. La sottospecie *Criollo* dà al cioccolato un sapore più delicato che ricorda quello della noce, mentre la sottospecie ibrida, il *Trinitario*, produce una complessa miscela di gusti fruttati e floreali, assieme a ricche note di cioccolato.

Anche i fattori ambientali influenzano la struttura chimica delle fave di cacao. Piante della stessa specie possono crescere in condizioni molto diverse a seconda dell'esposizione al sole, delle precipitazioni, della temperatura e dell'umidità a cui sono sottoposte durante lo sviluppo. Tutti questi fattori danno origine a cioccolato con sapori differenti: ecco perché il cioccolato prodotto con fave di cacao della Costa d'Avorio ha un sapore diverso da quello prodotto con le fave costaricane, e per questo i produttori creano delle miscele con fave di provenienza diversa per ottenere costantemente lo stesso sapore.

Il sapore del cioccolato dipende anche dal procedimento a cui vengono sottoposte le fave di cacao. La fermentazione delle fave crude e la tostatura delle fave essiccate costituiscono le fasi più critiche della creazione del sapore.

Dopo l'estrazione dal baccello, le fave di cacao vengono fatte fermentare assieme alla polpa, generando le sostanze chimiche (amminoacidi, zuccheri, ecc.), dette "precursori" dell'aroma, responsabili del sapore del cioccolato e pertanto cruciali nella preparazione. Anche se le fave fermentate non hanno ancora un sapore simile al cioccolato, questi precursori sono indispensabili per ottenere un sapore ottimale nel prodotto finito.

Con la tostatura, i precursori prodotti durante la fermentazione si convertono negli aromi tipici del cioccolato. Le alte temperature innescano numerose reazioni chimiche, alcune delle quali sono simili per molti aspetti a quelle della tostatura del pane. Sia nelle fette biscottate che nelle fave di cacao, le proteine e gli zuccheri reagiscono infatti producendo un certo colore e alcuni composti aromatici. Ogni produttore di cioccolato sceglie le condizioni di tostatura che meglio si adattano al profilo di gusto che intende ottenere nel proprio cioccolato.

La complessità e la variabilità dei composti chimici nelle fave tostate sono responsabili della ricchezza del gusto del cioccolato naturale, che per questo è quasi impossibile da replicare. La creazione in laboratorio di un aroma sintetico che si avvicini minimamente a quello del cioccolato vero rimane sostanzialmente il "Santo Graal" dell'industria dei sapori.

Per realizzare i gusti artificiali, i chimici analizzano quelli naturali individuando tutte le diverse sostanze chimiche che li compongono. Una volta identificata la composizione dei gusti naturali, li ricreano miscelando i loro componenti primari. Parecchi gusti artificiali, come quelli di fragola e ciliegia, sono molto simili alla versione naturale perché il gusto complessivo è composto soltanto da un numero limitato di sostanze chimiche.

Visto l'ampio spettro di sostanze chimiche che compongono il cioccolato (alcune delle quali sono presenti in quantità molto ridotte, ma fondamentali), rimane invece difficile creare un'imitazione del cioccolato che possa dirsi soddisfacente. Almeno per ora, quando si parla di sapore di cioccolato, è sempre Madre Natura che comanda.

18
I chicchi di riso nella saliera

Accidenti, oggi fa molto caldo e c'è anche umidità. Ma quanta umidità? È così umido che la camicia ti si appiccica alla pelle, ma te ne devi stare seduto immobile, quando in realtà non vorresti altro che essere in ferie sulla spiaggia. Oggi anche il sale è in ferie, è tutto appiccicato. Puoi scuoterla quanto vuoi, ma dalla saliera non uscirà niente. E come se non bastasse, più la scuoti, più sudi.

Il problema è che in giornate come queste nell'aria vi è più umidità che in molti cibi secchi, e prodotti come i cracker, i cereali e i biscotti tendono ad assorbirla. Nel giro di poco, i biscotti e i fiocchi di cereali che tenete in dispensa avranno una consistenza da pappamolle, per non parlare dei cracker, che saranno adatti solo alla dentiera della nonna. E il sale farà i grumi nella saliera.

In realtà il contenuto d'acqua di per sé stesso non è sempre un buon indicatore della tendenza di un cibo ad assumere o perdere umidità. Gli scienziati dell'alimentazione parlano di "attività dell'acqua" per indicare la capacità delle molecole d'acqua di muoversi liberamente in un alimento, perché non sono legate ad alcun composto (è il concetto di "acqua libera" o fugacità, per quelli con conoscenze tecniche). Se la tendenza alla "fuga" è bassa, l'attività dell'acqua sarà bassa; se esposto all'aria umida, un cibo con una bassa attività dell'acqua assorbe l'umidità molto rapidamente. Fortunatamente però, il contenuto d'acqua e l'attività dell'acqua vanno di pari passo; quando una è bassa, lo è anche l'altro.

Gli alimenti con contenuto d'acqua elevato, come la frutta e la verdura, tendono infatti a non assorbire l'umidità dell'aria. Anzi, tendono a presentare il problema inverso durante l'inverno, disidratandosi a causa della perdita d'acqua (detta desorbimento).

Come fanno allora i chicchi di riso a impedire la formazione di grumi all'interno della saliera? Tutto dipende dai modi diversi con cui i cristalli dell'amido (nel riso) e del sale rispondono all'elevata umidità: quando questa aumenta, le molecole d'acqua nell'aria si attaccano alla superficie dei cristalli di sale. Oltre una certa soglia di umidità relativa, in corrispondenza del cosiddetto punto di deliquescenza, vi è sulla superficie del cristallo di sale un numero così grande di molecole d'acqua da far dissolvere il sale, portando alla formazione di uno strato di soluzione salina satura. Quando l'umidità torna a diminuire, parte dell'acqua contenuta in tale strato evapora nell'aria, facendo ricristallizzare il sale. Dato che nella saliera i cristalli sono in contatto tra loro, si vanno formando dei ponti tra cristalli vicini: quando vi è un numero abbastanza consistente di ponti di cristallo, ecco che si formano i grumi.

L'amido del riso, sebbene sia anch'esso asciutto e presenti una bassa attività dell'acqua, riesce a tollerare livelli abbastanza elevati d'acqua senza mutare in maniera significativa le sue proprietà. L'acqua nelle prossimità viene assorbita nella matrice dell'amido, causando solo un leggero rigonfiamento. Il riso si inumidisce leggermente, ma con l'essiccamento ritorna solitamente allo stato originario. Ecco perché non subisce grosse alterazioni con l'assorbimento dell'umidità. Si tratta senz'altro di una proprietà utile per la nostra saliera.

Alcuni chicchi di grano inseriti nella saliera impediscono all'umidità presente nell'aria di dissolvere la superficie dei cristalli di sale. Il riso "imprigiona" le molecole del vapore acqueo, prevenendo la formazione di grumi di sale. A parte forse i giorni in cui l'umidità cola letteralmente dalle pareti, la vostra saliera sarà sempre efficiente.

19
Il ghiaccio tra i lamponi

Vi è mai capitato di trovare nel congelatore degli alimenti piuttosto vecchi che non avevano più un aspetto commestibile? Per esempio un sacchetto di lamponi riempitosi di ghiaccio fino a formare un unico blocco, oppure una fettina di carne che ha assunto un cinereo color marrone opaco. Si tratta di cibi vittime del cosiddetto *freezer burn*, letteralmente "bruciatura da freddo", la nemesi dei cibi abbandonati da troppo tempo nel freezer.

La bruciatura da freddo non è altro che la perdita di acqua da parte dei cibi. L'acqua fuoriesce dal cibo surgelato, andando a concentrarsi nello spazio libero all'interno della confezione, oppure passando attraverso la confezione stessa. E il risultato non è molto gradevole. Dopo lo scongelamento, i lamponi "bruciati" dal freddo hanno una consistenza secca e molle, mentre la carne imbrunita di solito è dura e gommosa.

Ma se il cibo è congelato, com'è possibile che da esso fuoriesca l'acqua? In realtà, anche se i lamponi e la bistecca appaiono solidi congelati, al loro interno vi è ancora dell'acqua non congelata, in una proporzione che dipende dai componenti del cibo e dalla temperatura del congelatore. I cibi con un elevato contenuto di zucchero e di sale presentano una maggiore quantità di acqua allo stato liquido, dato che tali elementi interagiscono con essa, abbassandone il punto di congelamento.

Anche se un lampone viene fatto congelare fino a temperature di -40°C, circa il 20% dell'acqua inizialmente contenuta in esso rimane liquida. Nel corso del tempo, e con le giuste condizioni dell'ambiente circostante, l'acqua fuoriesce dal lampone riempiendo lo spazio vuoto nel contenitore, e solidifica portando alla creazione di quei grumi di lamponi e ghiaccio.

La bruciatura da freddo è agevolata dai cicli di temperatura dei congelatori. Il sistema di refrigerazione che mantiene il freezer a basse temperature si spegne e si riaccende in continuazione, come un condizionatore d'aria in una calda giornata estiva. Quando il sistema di refrigerazione è acceso, la temperatura del freezer diminuisce fino a raggiungere un punto prestabilito, quindi la refrigerazione si spegne. La temperatura aumenta lentamente man mano che il caldo si infiltra nel freezer, fino al punto in cui il sistema di refrigerazione si riaccende nuovamente e il ciclo riparte.

A seconda delle impostazioni del termostato del freezer, la temperatura può oscillare di circa ±3°C. Sono questi cicli di temperatura a svolgere un ruolo determinante nella formazione della bruciatura da freddo.

Con l'aumento della temperatura nel freezer, l'aria più calda che si trova nello spazio libero tra i lamponi attira l'acqua allo stato liquido all'esterno dei frutti. Con il ripetersi dei cicli di temperatura, l'aria nella confezione non riesce più a contenere tanta acqua, e parte di essa si condensa sotto forma di ghiaccio.

Il vapore acqueo che si condensa sui lamponi è simile al ghiaccio che si forma sul lato interno delle pareti nelle giornate molto fredde. Nel contenitore dei lamponi, il ghiaccio condensato non riesce più a tornare all'interno del cibo e pertanto, mentre il ghiaccio va accumulandosi, i frutti perdono sempre più acqua, generando il fenomeno della bruciatura da freddo.

A peggiorare ulteriormente le cose, oggigiorno i freezer in commercio dispongono di sbrinamento automatico. Con i congelatori più vecchi, sbrinare il congelatore è un lavoraccio. Il ghiaccio accumulato sulle pareti del freezer deve essere rimosso facendolo a pezzi, oppure lasciando che si sciolga una volta spento l'apparecchio, non prima di aver spostato i cibi in un luogo che li mantenga al freddo. I freezer moderni, dotati di sbrinamento automatico, sfruttano un ciclo di refrigerazione che fa salire per breve tempo la temperatura interna al di sopra del punto di congelazione. All'interno di questo tipo di freezer sono state misurate temperature addirittura di 10°C! Un sistema del genere è utile per evitare la formazione di ghiaccio sulle pareti, ma è la rovina degli alimenti congelati.

Alle temperature elevate che si raggiungono durante un ciclo di sbrinamento, parte del ghiaccio contenuto nei lamponi si scioglie e questa quantità d'acqua aggiuntiva si riversa immediatamente nell'aria più calda che si trova nello spazio libero del contenitore. Il risultato è una perdita sostanziale dell'idratazione dei lamponi. Quando si ripete il ciclo di temperatura, quell'acqua congela nuovamente, formando uno strato di ghiaccio attorno ai lamponi. Ma allora cosa bisogna fare per evitare la bruciatura da freddo? Mantenere il congelatore a basse temperature, evitando il ciclo di sbrinamento automatico, probabilmente aiuta, ma fondamentale è il tipo di confezionamento utilizzato, che dovrebbe impedire la formazione di vapore acqueo eliminando qualsiasi spazio tra involucro e cibo, ove possibile.

Il confezionamento sottovuoto è in grado di rimuovere la maggior parte dell'aria nello spazio vuoto e impedisce la formazione di grumi di ghiaccio tra i lamponi e l'imbrunimento della carne. Un avvertimento: l'aspirazione dei sistemi sottovuoto è talmente potente da comprimere una lattina, per cui a meno che non vogliate ottenere una crema di lamponi, prestate attenzione nell'usare il sottovuoto con i cibi delicati.

20
I cereali *Lucky Charms*: una lezione di creatività e marketing

Come si fa a inventare un nuovo tipo di cereali da colazione? Nel caso della marca *Lucky Charms*, si è trattato di mettere insieme due prodotti già esistenti e riconoscere che la loro unione era qualcosa di unico e di invitante. E forse anche di magicamente delizioso.

Si racconta che nel 1963 John Holahan, che faceva parte del team del laboratorio che ideava nuovi tipi di cereali alla General Mills, si mise tagliare a pezzetti alcuni *Circus Peanuts*, un tipo di *marshmallow* a forma di arachide, e poi li versò in una scodella di fiocchi di cereali, un po' come si fa quando si uniscono ai cereali dei pezzetti di banana. Le caramelle spugnose al gusto di banana e di colore arancione sparse sui cereali furono fonte di ispirazione per Holahan, che intuì immediatamente che questo tipo di cereali dolci avrebbe potuto avere successo tra i bambini.

I ricercatori della General Mills si misero allora a lavorare in collaborazione con i ricercatori della Kraft, che all'epoca produceva i *Circus Peanuts*, per sviluppare un tipo di caramelle spugnose con le proprietà adatte. Sebbene a prima vista i *Circus Peanuts* siano caramelle dalla consistenza dura e secca, dopo alcune ore dall'apertura del sacchetto esse contengono molta più acqua della maggior parte dei cereali. Allo scopo di produrre un mix di cereali e caramelle commercializzabile, che potesse durare per mesi sugli scaffali, i ricercatori dovevano "inventare" una caramella con un tenore di acqua molto ridotto.

La migrazione dei liquidi è un problema che riguarda molti tipi di alimenti, per esempio, la varietà di cereali con uvetta. Anche se l'uvetta è uva essiccata, essa presenta un contenuto d'acqua (o attività dell'acqua) molto più elevato dei fiocchi di cereali e con il passare del tempo i liquidi migrano dall'uvetta ai fiocchi: l'uvetta si essicca ulteriormente e i cereali assorbono l'acqua. La consistenza di questi ultimi non si altera in maniera evidente poiché, rispetto alla massa dei fiocchi, la quantità d'acqua che migra è molto limitata. Tuttavia, i chicchi di uva passa perdono una parte di liquidi sufficiente a farli diventare simili a sassolini capaci di mettere a dura prova i nostri denti. A quel punto la maggior parte di noi ci rinuncia e finisce per gettare i cereali in toto, perché non vale la pena mettersi a rodere quell'uvetta così coriacea.

I ricercatori della General Mills e della Kraft temevano che la stessa cosa sarebbe successa se le caramelle gommose contenute nei loro nuovi cereali si fossero seccate. Idearono allora un nuovo metodo di produzione per i *marshmallow*: per mezzo di un estrusore, la caramella spugnosa veniva trafilata e tagliata in piccoli cilindretti che venivano fatti essiccare lentamente fino a quando l'attività dell'acqua al loro interno raggiungeva all'incirca il livello dei cereali, in maniera che né i cereali né i *marshmallow* si alterassero durante la conservazione.

Il processo di estrusione ha anche consentito di creare forme e colori diversi. I pezzetti di *marshmallow* essiccati, per i quali in inglese è stato coniato appositamente il termine «*marbit*», hanno un colore e una struttura che creano un originale contrasto con i cereali. Originariamente, questi pezzetti di *marshmallow* erano iridati, ma in breve sono stati inventati forme e colori sempre nuovi. Cuoricini rosa, ferri di cavallo viola, lunette blu e ovviamente trifogli verdi coordinati con *Lucky the Leprechaun*, il folletto simbolo della marca che compare sulle confezioni di *Lucky Charms*.

Sebbene Holahan si rendesse conto di avere tra le mani una qualità di cereali che avrebbe incontrato il favore del pubblico, rimaneva il problema del nome di mercato. Gli esperti di marketing suggerirono di sviluppare il cereale intorno al concetto di braccialetti con pendenti portafortuna, *lucky charms* in inglese, una moda molto popolare negli anni '50 e '60 (purtroppo soppiantati dai ciondoli anni '70 epoca disco). In qualche modo questi pendenti si sono trasformati in folletti, ma il concetto di *Lucky Charms* è rimasto. Dal punto di vista del marketing, attirare i bambini con i portafortuna del folletto si è rivelato una trovata vincente.

Ma che cosa ha consentito alla *Lucky Charms* di rimanere così popolare sullo scaffale dei cereali? Mentre le altre marche di cereali, come la *Cheerios*, hanno puntato sulla continuità, evitando trasformazioni nel corso degli anni, la *Lucky Charms* ha investito sul costante rinnovamento. I laboratori della General Mills sono sempre alla ricerca di *marbit* con nuove forme e colori più accattivanti. Dalla pentola d'oro al cappello del folletto con un trifoglio, appaiono costantemente nuove forme di caramelle. Questo rinnovamento costante è parte della ricetta che mantiene la *Lucky Charms* al top delle vendite tra gli scaffali di cereali, con vendite che fanno un balzo all'insù ogni volta che una nuova forma di *marbit* viene introdotta nel mercato.

Quella che inizialmente era solo una fortuita combinazione di due prodotti di successo si è trasformata in una qualità di cereali "classica". La *Lucky Charms* è una delle marche preferite dai bambini, ma anche tra gli adulti vi è un cospicuo seguito. Esiste anche un test sulle preferenze sessuali che si basa sul vostro tipo preferito di *marbit*. Vi piacciono i cuoricini rosa? Siete un tipo romantico. Ma fate attenzione a quelli a cui piacciono i ferri di cavallo viola, potrebbero proporvi cose un po' sporche, come il pudding al cioccolato, ma questi sono discorsi che appartengono a un'altra rubrica.

21
Creare nuovi gusti di gelato

Chunky Monkey, Cherry Garcia, Chubby Hubby e *Phish Food*: come fanno quelli della marca americana di gelati *Ben&Jerry* a trovare le idee per i nuovi gusti? I ricercatori della *Ben&Jerry* passano le giornate a inventare e sviluppare nuovi gusti per stuzzicare la fantasia dei consumatori. Quello dei gelati è un segmento molto competitivo e chi ci lavora deve continuamente trovare nuove idee per invogliare la gente a comprare.

Per sviluppare un nuovo gusto di gelato bisogna essere molto creativi: è necessario trovare la combinazione giusta di ingredienti e un nome che attiri l'attenzione. Ma soprattutto, deve piacere il sapore. Alle volte, però, ci vuole qualcosa in più. Uno dei presupposti più interessanti della *Ben&Jerry* è che bisogna "pensare oltre la vaschetta". Per quelli che ritengono che una vaschetta intera sia troppo grande per una singola porzione, hanno così inventato un contenitore dalle dimensioni ridotte (100 g), provvisto anche di cucchiaino.

Mhm... non c'era qualcuno che la chiamava "coppetta"? Certo, il marketing è una componente importante dei nuovi prodotti: dipende tutto da come vengono pubblicizzati. Alcuni esperti di marketing pensano di riuscire a vendere qualsiasi prodotto – anche se non è esattamente il massimo – con i propri trucchetti pubblicitari. Probabilmente è vero, ma è più facile fare marketing quando un prodotto "si vende da solo", come alcuni dei nuovi gusti sviluppati da *Ben&Jerry*.

Ma andiamo ora a visitare un laboratorio di una gelateria per avere un'idea di cosa ci vuole per creare un nuovo gusto. Seguiamo un team di giovani buongustai di gelato nelle fasi dello sviluppo del prodotto. Dopo qualche discussione sui propri gusti personali, i ragazzi sono giunti alla creazione di due gusti di loro invenzione. Uno, chiamato *Red White You're Blue*, parole che in italiano suonano come "Bianco rosso blu", è gelato alla vaniglia variegato con *marshmallow* alla fragola. I mirtilli si aggiungono a piacimento per ottenere un gelato dall'aspetto ancora più "americano". Il secondo gusto è un gelato al cioccolato variegato al caramello, che hanno scelto di chiamare *Mud and Mudder*, per via della sua consistenza che ricorda una fanghiglia.

Da dove provengono le idee per questi nuovi prodotti? L'embrione di un'idea può venire da qualcuno che vede le cose in maniera originale, come è successo per il variegato al *marshmallow* alla fragola. Il nostro gruppo di fan del gelato ha sviluppato un gusto di gelato a loro gradito, e poi ha fatto un po' di *brainstorming* per trovare un nome creativo.

A volte le idee nascono nei posti più improbabili e nei momenti più strani. Capita di vedere, sentire o annusare qualcosa che rieccheggia in testa, ispirando un nuovo prodotto. A volte le "nuove idee" non sono altro che vecchie idee con qualche variazione sul tema, come le nuove minicoppette della *Ben&Jerry*. Il trucco è quello di essere aperti alle nuove idee e cercare costantemente modi interessanti per mettere insieme le cose.

Quando si sviluppano nuovi gusti, si fanno molti esperimenti con diverse combinazioni, ma tutti i test si basano su principi scientifici. Occorre comprendere la scienza alla base della produzione del gelato in maniera da conservare l'equilibrio ottimale tra tutti gli elementi (cristalli di ghiaccio, cellette d'aria, ecc.) che risultano in un prodotto di qualità superiore. Il lavoro va anche svolto all'interno dei limiti che un sistema di produzione industriale impone: bisogna infatti essere in grado di ottenere un prodotto dalle caratteristiche costanti, in maniera efficiente e con costi contenuti.

Una volta individuato quello che potrebbe essere il prodotto vincente, come si valuta il suo potenziale successo sul mercato? La maggior parte delle aziende conduce dei test sui consumatori prima di commercializzare un nuovo prodotto. Il fatto che gli esperti all'interno dell'azienda tengano un prodotto in grande considerazione non è sufficiente a garantire che i consumatori poi lo comprino. Le ricerche effettuate sui consumatori sono una parte fondamentale della costruzione di un nuovo prodotto di successo.

Spesso le aziende chiedono a un gruppo di persone all'interno del loro target di mercato di valutare il nuovo prodotto, oppure lo presentano in un luogo come un centro commerciale dove i consumatori target possono assaggiarlo e valutarlo. Grazie alle indicazioni raccolte dai consumatori, sono in grado di stabilire se il prodotto è pronto per il mercato o deve tornare alla fase di laboratorio per qualche aggiustamento. Se il test sui consumatori è un successo, significa che l'azienda aveva visto giusto.

La *Ben&Jerry* ha fatto il botto grazie a gusti sempre nuovi e originali di gelato di qualità. Il loro gusto più popolare è – provate a indovinare? – il *Cherry Garcia*, un delizioso gelato ricoperto di ciliegie e il cui nome è ispirato a una nota rock star.

E voi, quale gusto di gelato svilluppereste? Perché pensate che sarebbe un successo commerciale?

22
I biscotti *Oreo*: un'icona dell'alimentazione statunitense

I biscotti *Oreo* sono i più venduti in America da quasi cento anni. La linea di questi biscotti, i preferiti degli americani, comprende un numero impressionante di varianti e le ricette che li vedono come protagonisti sono infinite. Ma vediamo come queste moderne icone della dieta americana hanno dato origine a diversi prodotti, partendo con un po' di storia.

I dolcetti *Oreo* sono stati creati nel 1912 dalla National Biscuit Company (fondata nel 1898 a seguito della fusione di tre grandi aziende produttrici di biscotti), in seguito divenuta Nabisco, ora di proprietà della Kraft Foods. Per curiosità, i biscotti *Hydrox*, che in America qualcuno considera un'imitazione sottocosto degli *Oreo*, sono in realtà apparsi prima, già nel 1908. I biscotti *Hydrox* sono stati creati dalla Sunshine Biscuit Company, un'azienda fondata nel 1902 da due ex dipendenti della National Biscuit Company. Quando si dice la gratitudine...

Sebbene in America la marca *Oreo* costituisca oggi un'icona culturale e domestica, non è ancora del tutto chiaro da dove provenga il suo nome. Secondo un'ipotesi, vista la forma del prodotto, il "re" rappresenta la parola "cREam" collocata tra due O a simboleggiare i biscotti al cioccolato. Da cui la parola O-RE-O e la famosa marca. Quale che sia l'origine, questi biscotti sono oggi conosciuti tecnicamente come *OREO Chocolate Sandwich Cookies*.

Nella dieta dell'americano medio non possono proprio mancare gli Oreo: secondo alcune stime, ogni anno ne vengono consumati 7,5 miliardi, vale a dire 20 milioni al giorno. I produttori si staranno sfregando le mani, verrebbe da dire.

La formula del doppio biscotto con ripieno di crema al latte non ha subito molte alterazioni nel corso degli anni: che bisogno c'è di andare a modificare un prodotto di successo? Meglio non toccarlo finché non si inceppa.

Ultimamente, però, vi è stato un cambiamento che vale la pena menzionare. I biscotti *Oreo* originali erano prodotti con un grasso alimentare derivato da olio di soia parzialmente idrogenato, che sappiamo essere una fonte di acidi grassi di tipo *trans* (la formula originale conteneva 2,5 g di grasso *trans* per una porzione di tre biscotti). In seguito ai recenti allarmi per la salute emersi in relazione agli acidi grassi *trans* (vedi Capitolo 16), le industrie alimentari si sono adoperate, nella maggior parte dei casi, per sostituire i grassi parzialmente idrogenati contenuti nei loro prodotti. E la Kraft non fa eccezione. Tuttavia, nel caso di un prodotto popolare come gli *Oreo* è indispensabile mantenere inalterate le caratteristiche essenziali, il biscotto croccante e il ripieno di crema, anche senza l'utilizzo di grassi di tipo *trans*.

Si dice che la Kraft abbia sperimentato 250 formule diverse prima di arrivare alla giusta combinazione di olio di palma e olio di canola che oggi sostituisce l'olio di soia. I biscotti prodotti con la nuova formula, priva di grassi *trans*, sono pressoché indistinguibili dagli originali. Come le altre industrie alimentari, però, la Kraft sostituisce i grassi *trans* con grassi saturi. Il problema è che anche questi ultimi sono correlati a cardiopatie. È il prezzo da pagare per il gusto dei biscotti *Oreo*.

Gli *Oreo* sono un eccellente esempio di come sfruttare la popolarità di una marca per ampliare il mercato. Dagli *Oreo* "doppio ripieno" agli *Oreo Uh-Oh*, negli anni sono apparse sugli scaffali numerose varianti nel tentativo di conquistare nuove fette di mercato. Sull'onda della recente tendenza a miniaturizzare i prodotti alimentari per agevolare una dieta bilanciata, sono stati immessi sul mercato i *Mini Oreo* in confezioni da 100 calorie. Tutti questi prodotti sono pensati per tenere costantemente vivo l'interesse e aumentare le vendite.

Le estensioni di linea, come gli specialisti di marketing chiamano queste varianti di marca immesse sul mercato, hanno spesso un prezzo da pagare: il calo delle vendite del prodotto originale. Le aziende produttrici devono infatti considerare gli equilibri all'interno di una linea di prodotti prima di commercializzare una nuova variante di una marca popolare. Qualora le vendite del prodotto originale ne potessero risentire, le aziende si dimostrano spesso restie a introdurre una nuova estensione di linea. La linea *Oreo* costituisce un ottimo esempio di prodotti basati sul concetto originale di biscotti al cioccolato con ripieno alla crema. Prodotti come il gelato al gusto di biscotto *Oreo*, chiamati in inglese "prodotti *flanker*" (letteralmente "fiancheggiatori"), trasferiscono il valore di una marca popolare tra i consumatori e la sua identità di mercato in una categoria completamente nuova. I cereali e la pastafrolla per torte di marca *Oreo* sono altri esempi di questo tipo di prodotti, creati capitalizzando l'immagine del biscotto. Il richiamo dei nuovi prodotti *Oreo* è in parte dovuto alla familiarità e alla preferenza dei consumatori per la marca stessa.

I prodotti-icona nel campo alimentare sono spesso oggetto di strani esperimenti di cucina e i biscotti *Oreo* certamente non sono da meno: le bizzarre ricette che li vedono protagonisti sono davvero numerose.

Avete voglia di biscotti *Oreo* fritti? Passate i biscotti nella pastella e friggeteli in abbondante olio bollente fino alla doratura. Un'altra stravagante ricetta a base di *Oreo* è la torta *humus*: è buonissima e si presenta in maniera molto originale. Riempite un secchiello da spiaggia alternando strati di biscotti *Oreo* sbriciolati e di panna o budino, quindi decorate con i vermetti gommosi colorati. Il risultato sarà molto divertente per i vostri ragazzi.

23
Una polverina effervescente per verdure... frizzanti!

Che cosa serve per avviare un'iniziativa imprenditoriale? Ci vuole una buona idea, un prodotto innovativo o una nuova applicazione, e soprattutto molto denaro da investire. Ma tutte queste cose potrebbero non bastare, come vi potranno confermare molti aspiranti imprenditori che ne hanno sperimentato sulla propria pelle la difficoltà. Ci vuole fegato per lasciare il vecchio posto fisso per tuffarsi nell'incertezza dell'avventura di una nuova iniziativa imprenditoriale. E ci vuole anche un ottimismo infinito, per riuscire a pensare anche nelle giornate più buie che alla fine ce la farete.

Lynn Hesson, il presidente della Raven Manufacturing, molti anni fa lasciò il suo posto fisso per investire nella sua idea di produrre e commercializzare *Exploding Pops!*. Il suo prodotto è molto simile alla più nota gomma da masticare che solletica il palato *Pop Rocks*, conosciuta in Italia con il nome di *Frizzy Pazzy*, un prodotto originariamente creato dalla General Foods e i cui diritti di produzione appartengono ora a un'azienda spagnola. Secondo la teoria di Hesson, un prodotto del genere fabbricato in uno stabilimento americano poteva avere un vantaggio competitivo rispetto a un concorrente estero. Per rendere il proprio prodotto originale, Hesson ha poi messo in pratica diverse idee, alcune molto bizzarre.

Come si fa a creare dal nulla uno stabilimento alimentare, specialmente se sei un avvocato e non te ne intendi molto di produzione di caramelle? Hesson si rivolse ad alcuni esperti locali nel campo alimentare, affinché gli fornissero la consulenza e l'assistenza tecnica necessarie per avviare un sistema di produzione.

Per produrre *Exploding Pops!*, la gomma da masticare effervescente, bisogna far bollire uno sciroppo di zucchero a oltre 150°C, nel quale viene poi iniettato del diossido di carbonio ad alta pressione (40 kg per cm^2) per produrre delle bollicine. La massa di zucchero sciolto viene fatta raffreddare, ancora sotto pressione, in enormi tubi a forma di siluro. Lo zucchero, raffreddato molto rapidamente, si solidifica creando una massa simile a vetro e "congelando" le bollicine di diossido di carbonio all'interno della sua matrice. Quando un liquido dissolve questa matrice, come succede quando la polverina entra in contatto con la saliva nella bocca, le pareti che contengono le bolle non resistono più alla pressione interna e BANG! – le bollicine esplodono. Come dice Raven, è una festa "esplosiva" per il palato.

Grazie all'assistenza di diversi esperti, sia nel campo alimentare che in quello ingegneristico, i progetti tecnici per la costruzione di uno stabilimento di fabbricazione di gomma da masticare effervescente si sono trasformati in realtà. In ogni caso, data la difficoltà di gestire un impianto tecnologico del genere, ci sono voluti ben due anni dall'ideazione alla realizzazione dei primi prodotti. È un periodo di tempo molto lungo per cercare di inseguire un sogno, in particolare visto il sostegno finanziario necessario a realizzarlo. Esistono delle soluzioni che offrono piccoli finanziamenti per aiutare le persone ad avviare un'attività, ma Hesson dovette sfruttare le proprie risorse personali (con grande dispiacere della moglie Julie) per affrontare il lungo periodo di avviamento.

Anche prima dell'avvio della produzione, Hesson ha dovuto darsi da fare per stringere degli accordi con le aziende alimentari. L'idea originale era quella di vendere *Exploding Pops!* come ingrediente per altri alimenti, dai cereali da colazione al gelato, pertanto Hesson doveva convincere le aziende a testare il suo prodotto. In sostanza, non solo ha dovuto occuparsi della costruzione dell'impianto industriale con un'assistenza tecnica limitata, ma ha dovuto anche lavorare come rappresentante della propria azienda per dare visibilità al prodotto.

Non bastasse, Hesson si è messo all'opera anche come responsabile di sviluppo prodotto. Per creare le varianti senza zucchero e le caramelle effervescenti, dovette lavorare personalmente giorni e giorni per trovare le formule giuste.

Un'idea originale sviluppata dalla Raven per ampliare l'offerta di prodotti è *Sparkler Spice!*, una polverina da spargere sulle verdure in cui la base della gomma da masticare effervescente viene unita a dei sapori da condimento. È disponibile in diversi gusti (burro, barbecue o formaggio) e, usata per esempio come condimento del pasticcio di verdure, frizza in bocca solleticando il palato. Secondo Hesson è un buon sistema per avvicinare i bambini, spesso restii, alle verdure, facendoli divertire allo stesso tempo.

Dopo alcuni anni di magra, con ordinativi altalenanti, e in seguito ad alcuni investimenti in sistemi industriali di confezionamento, sembra che l'impresa di Hesson sia finalmente avviata verso il successo. C'è stato bisogno di grande impegno, molta perseveranza, ma ci sono stati anche momenti di forte ansia. Ecco perché "ottimismo infinito" è la parola d'ordine in questi casi.

Se siete in grado di vincere l'ansia dei momenti difficili e di raggiungere i vostri obiettivi con facilità, le soddisfazioni di un'attività in proprio possono essere enormi. È molto gratificante vedere crescere qualcosa che avete costruito a partire da un'idea fino a diventare un'attività imprenditoriale in attivo. E così non c'è nemmeno da lamentarsi del proprio capo!

24
Dipende tutto dalla confezione

Accidenti, ho rovesciato di nuovo tutte le M&M's sul pavimento! Stavo cercando di aprire quell'enorme sacchetto, ma non ci riuscivo; allora l'ho tirato troppo e... *crack*! Di colpo il sacchetto si è strappato in due. A volte sembra proprio che i produttori alimentari facciano di tutto per rendere impossibile l'apertura delle confezioni. Quante volte vi sarà capitato di strappare inavvertitamente l'aletta superiore di una scatola di cracker o di cereali, per poi non riuscire più a chiuderla? Ma soprattutto, perché c'è bisogno di tutte queste confezioni?

Le industrie alimentari dedicano molto tempo allo sviluppo della giusta confezione per i loro prodotti. Non è importante solo per la praticità dei consumatori; la confezione deve assolvere a multiple funzioni.

In primo luogo, la confezione deve proteggere il cibo. Serve a tenere lontani sporco, microbi, insetti e sabotatori. Non c'è niente di peggio che trovare un insetto tra i cereali: ecco perché la confezione non deve farli entrare. E i sigilli a prova di manomissione ci garantiscono che la confezione non sia stata aperta da un qualche "animale" prima del nostro acquisto. La confezione deve essere anche in grado di resistere ai disagi del trasporto dallo stabilimento di produzione ai negozi, mantenendo inalterato il cibo. Diverse industrie possiedono al proprio interno interi laboratori che si dedicano ai test sulle confezioni: vi sono macchine che simulano con movimenti vibratori l'effetto di un container trasportato da un camion su strade dissestate, oppure macchinari che fanno cadere le confezioni dall'altezza di un carrello elevatore per misurare quanta forza riescono a tollerare.

In secondo luogo, la confezione deve "istruire" i consumatori. Su di essa devono apparire alcuni dati obbligatori, come stabilito da norme statali. Le informazioni nutrizionali, la quantità contenuta in una porzione e gli avvertimenti sul consumo del cibo (per esempio "può contenere tracce di frutta secca in guscio") sono esempi di indicazioni che devono apparire in bella vista sulle confezioni. (vedi Appendice per approfondimenti sulla legislazione per l'etichettatura dei prodotti in Italia).

In terzo luogo, la confezione deve "vendere" il prodotto. La confezione fa parte delle strategie di vendita e ci deve indurre a voler provare il prodotto che contiene. Le scritte e le immagini illustrative che compaiono sulle confezioni sono disciplinate da norme specifiche, ma gli esperti di marketing sono comunque bravissimi a rendere il cibo allettante. Le immagini, o le porzioni raccomandate, devono per lo meno essere realistiche, ma non garantiscono che l'alimento preparato dai noi consumatori abbia un aspetto così appetitoso. I piatti di pasta al formaggio che preparo io stesso non hanno nemmeno lontanamente l'aspetto allettante dell'immagine sulla confezione. Tutto dipende da come viene presentato il prodotto.

In quarto luogo, oltre a soddisfare i tre requisiti appena illustrati, le confezioni devono anche avere un impatto ambientale minimo. Probabilmente questo è l'aspetto delle confezioni su cui i consumatori si lamentano di più. Aprire la confezione esterna per trovarvi un involucro interno può sembrare eccessivo, ma se contestualizzato alla necessità di proteggere il cibo assume più senso. Il doppio involucro, strettamente necessario per alimenti come le caramelle e i cereali, permette di conservare il cibo anche dopo l'apertura della confezione esterna.

Si prendano, per esempio, le caramelle: i singoli pezzi vengono avvolti in un involucro e venduti in buste più grandi. Una volta aperta la busta, le singole caramelle sono comunque protette grazie al loro involucro che impedisce la formazione sulla superficie di quella "colla" creata dal contatto con l'umidità dell'aria. L'involucro, se non altro, rallenta lo sviluppo di quel fastidioso effetto appiccicoso. A differenza dei biscotti che possono diventare mollicci in seguito all'apertura della confezione, il doppio involucro delle caramelle ci consente di proteggerle e di mangiarle sempre con gusto.

I recenti progressi nel campo del confezionamento hanno reso le cose molto più facili per i consumatori. Per esempio, la creazione delle confezioni richiudibili per una vasta gamma di prodotti, dal formaggio alla carne, ha rappresentato un vero e proprio passo avanti. Possiamo comodamente consumare una singola porzione del cibo contenuto nella confezione e conservare il resto per utilizzi successivi, evitandone così il rapido deperimento.

Ma perché non tutti i prodotti sono provvisti di sacchetti richiudibili? Non sarebbe male che i sacchetti da 500 g degli M&M's fossero dotati di apertura richiudibile, ma questo ci conduce all'ultima considerazione riguardo alla confezione: il costo. In teoria, il costo della confezione non dovrebbe essere tanto alto da influenzare il costo del prodotto. In realtà, la confezione a volte costa più del cibo che contiene. Una lattina da 33 cl probabilmente vale più della bevanda gassata che contiene.

La prossima volta che vi troverete a lottare con un sacchetto o a ritenere eccessivamente grande la confezione di un prodotto, pensate al punto di vista del produttore. La confezione che avete in mano è in grado di soddisfare tutti i requisiti richiesti?

25
La data di scadenza: un'indicazione sempre corretta?

Come la maggior parte dei consumatori, anche voi sarete tra quelli che frugano nel banco frigo del supermercato alla ricerca del cartone del latte con la data di scadenza più lontana, pensando che la maggiore durata vi garantisca una qualità migliore. Ma siete sicuri che sia proprio quello il cartone che contiene il latte più fresco? Le confezioni del latte non sono come quelle delle batterie in cui potete premere i due elettrodi per vedere quanta carica è rimasta. Si può stabilire se il latte è ancora buono solo aprendo la confezione, ma probabilmente il direttore del supermercato non sarebbe tanto d'accordo.

Può capitare che, anche quando compriamo il cartone con la data di scadenza più distante, il latte vada a male prima della data indicata. Perché succede? Una data di scadenza inaffidabile è anche peggio di nessuna indicazione.

La data di scadenza si riferisce a una situazione teorica in cui il prodotto è conservato a una corretta temperatura: per il latte la temperatura più adeguata è quella del frigo, a 4°C o meno. Purtroppo, però, il latte non sempre viene conservato nella maniera corretta. Quello che succede sulla strada che il latte percorre dalla mucca al negozio determina quanta vita gli rimane, in particolare se viene esposto a temperature più elevate per qualche tempo.

Per fare un esempio, può succedere che una cassa di cartoni di latte sia stata lasciata all'aperto in un piazzale dopo essere stata scaricata dal camion. Chissà, magari gli addetti all'immagazzinamento erano in pausa proprio mentre quei cartoni venivano depositati lì. E lì sono rimasti, esposti alla temperatura esterna, qualsiasi essa fosse, finché qualcuno alla fine non li ha sistemati in un frigorifero. La mamma diceva di non lasciare senza motivo il cartone del latte sul bancone: la temperatura ambiente, infatti, favorisce la crescita microbica. Più a lungo il cartone rimane all'esterno, più crescono i batteri e meno vita rimane al latte, anche se la data stampata dice che è ancora buono. Qualsiasi cosa dica la data di scadenza, la verità è che se lo lasciate sul bancone non durerà a lungo.

Non sarebbe bello se sulle confezioni del latte ci fosse un piccolo dispositivo, simile alle strisce colorate presenti sulle confezioni di batterie, che ci dicesse quanti giorni di vita rimangono ancora a uno specifico cartone? Potremmo comprare il latte sulla base del reale livello di freschezza, piuttosto che sulla base di una data teorica di scadenza calcolata sulle condizioni a cui si presuppone il latte sia esposto.

In realtà, dei sistemi che possono indicare la freschezza dei prodotti alimentari, in particolare quelli che devono stare in frigo o in freezer, esistono già e nel settore alimentare sono detti integratori tempo-temperatura (ITT), perché in grado di indicare lo storico dei cambiamenti della temperatura di conservazione. Questi dispositivi sono strisce o cerchi colorati che cambiano colore a seconda del deterioramento del cibo. Se il latte rimane in frigo, l'ITT non cambia colore rapidamente, ma lo fa durante il periodo di due settimane stabilito dalla data di scadenza. Ma se il latte rimane all'esterno a temperatura ambiente, il colore cambia rapidamente a indicare che il latte sta andando a male. Guardando il colore dell'ITT, pertanto, si può stabilire quale contenitore sia il più fresco. Potrebbe non essere quello con la data di scadenza più distante, ma quello conservato sempre alla temperatura corretta.

Se questi dispositivi esistono già, perché non vengono utilizzati? Come spesso succede, è sostanzialmente una questione economica. Molti studi hanno dimostrato la validità degli ITT, ma non sono sempre infallibili. Di conseguenza le aziende sono restie ad applicare questi dispositivi sui propri prodotti, dal momento che potrebbe spingere i consumatori a scartare del latte che è ancora buono. Ma soprattutto, i negozi potrebbero trovarsi nella situazione di dover gettare del latte che è ancora bevibile. Inoltre, il costo aggiuntivo del dispositivo porterebbe a un aumento del prezzo del latte.

I ricercatori continuano a lavorare sul perfezionamento dell'affidabilità di questi dispositivi e molto probabilmente in futuro vedremo davvero delle strisce graduate sui cartoni del latte e sulle confezioni dei gelati, simili a quelle che oggi si vedono sulle batterie. Quando il colore indicherà che la vita di quel prodotto si è esaurita, farete meglio a gettarlo via.

26
Confezioni intelligenti

Accipicchia, esiste persino un aggeggio che crea la schiuma in una lattina di birra quando la si apre. Che cosa si inventeranno ancora? Forse una confezione che indica quando la frutta al suo interno è matura e pronta da mangiare? Ci risolverebbe il problema di dover tastare le pere per capire se sono mature.

Secondo voi, cosa saranno in grado di fare le confezioni alimentari del futuro?

L'imballaggio è sempre servito a contenere e proteggere i cibi dall'ambiente circostante, oltre a fungere da materiale promozionale dei prodotti. Negli ultimi tempi, però, le confezioni stanno rapidamente acquisendo nuove funzionalità. Lo sviluppo di materiali che migliorano la sicurezza, la durata o la praticità dei cibi è una delle mode del momento. E così cominciano a comparire in commercio numerose applicazioni che si basano sul cosiddetto "confezionamento attivo" o intelligente.

Si può definire "confezionamento attivo" l'impiego di un materiale da imballaggio capace di migliorare la sua funzionalità, per esempio assorbendo o rilasciando lentamente alcune sostanze che consentono di prolungare la vita del prodotto. L'aggeggio sulle lattine di birra è un esempio di confezionamento attivo, poiché migliora la resistenza del contenitore creando la schiuma solo quando occorre. Un involucro provvisto di indicatori che forniscono determinate informazioni sulla storia della confezione e/o sulla qualità del cibo è una confezione intelligente. Una confezione di frutta in grado di indicarne il livello di maturazione rientrerebbe in questa categoria.

Un tipo di materiale da confezionamento attivo, se si può definire "attivo" qualcosa di completamente inerte, è la pellicola plastica che assorbe l'ossigeno. Uno strato di questo tipo di plastica viene incorporato tra due strati di comune pellicola. Immaginate una specie di "panino" di plastica, in cui uno strato di polimero che assorbe l'ossigeno è inserito tra due strati di pellicola. Se le molecole di ossigeno tentano di entrare dall'esterno, vengono risucchiate da questo strato di involucro attivo. Un produttore sostiene addirittura che questa tecnologia consente di prolungare fino a 55 giorni la vita della fesa di tacchino affettata, se mantenuta in frigo. Non facendo entrare in contatto la carne con l'ossigeno, se ne impedisce il deperimento per ossidazione e si inibisce lo sviluppo microbico e il cambiamento di colore.

Tra gli altri esempi di adsorbenti impiegati nel confezionamento attivo vi sono il diossido di carbonio, l'etilene (un agente che induce la maturazione dei frutti), degli idratanti, ma anche alcuni aromi/odori. Per esempio, i piccoli sacchetti che si trovano nelle confezioni di carne secca servono ad assorbire l'umidità che penetra nell'involucro, prevenendo il deterioramento precoce della carne.

Un altro tipo di confezionamento attivo libera durante la conservazione composti antimicrobici, come la nisina e l'acido sorbico, per prevenire il deperimento di cibi come la carne e il formaggio.

Un esempio di confezionamento intelligente è la lattina autoriscaldante. Anche se non si tratta di un'idea nuova, dato che è stata sviluppata per la prima volta agli inizi del Novecento, alcuni sviluppi recenti hanno ravvivato l'interesse intorno ai contenitori capaci di riscaldare i cibi contenuti in lattine interne. Quando si rompe il setto che nel doppiofondo della lattina separa l'acqua dal cloruro di calcio anidro (o calcare calcinato), le due sostanze vanno a mescolarsi e reagendo formano idrossido di calcio. Allo stesso tempo viene liberata una certa quantità di calore che va a riscaldare il contenuto della lattina. Grazie a questo sistema, bevande come il caffè, la cioccolata, il tè, ma anche le minestre si scaldano in pochi istanti e sono pronte per il consumo.

Gli integratori tempo-temperatura (vedi Capitolo 25) sono un altro esempio di confezionamento intelligente disponibile già da diversi anni che però non ha ancora visto una vasta applicazione.

Per la cottura del cibo al forno microonde vi sono degli indicatori che reagiscono alla combinazione di temperatura e umidità (vapore) che possono essere impiegati per avvisare quando un piatto è pronto e sicuro da mangiare. Con questo sistema non occorrerà più valutare il grado di cottura dei popcorn nel microonde in base al loro scoppiettio. E se queste applicazioni ancora non vi bastano, ci sono altri possibili futuri sviluppi: perché non applicare sulla confezione piccoli transistor e/o antenne capaci di trasmettere immagini e suoni? Tra le altre cose, questa tecnologia consentirebbe ai produttori di informare i consumatori, per esempio, sul valore nutrizionale dei loro prodotti.

E che ne pensate di un contenitore per il latte capace di misurare un aumento troppo elevato della propria temperatura per poi avvisare con un messaggio vocale che è necessario rimetterlo in frigo? Si tratterebbe indubbiamente di un involucro intelligente e attivo allo stesso tempo se fosse anche capace di tornare in frigo da solo.

27
I cartoni di succo di frutta: una grande comodità

I cartoni di succo di frutta sono un ottimo esempio di come i nuovi sviluppi dell'industria alimentare possano renderci la vita più facile. Prima del 1980 circa, il succo di frutta veniva venduto per lo più in bottiglie di vetro con vuoto a rendere o in contenitori di plastica. Ora i succhi si vendono soprattutto in cartoni o buste da porzione singola, che includono anche la cannuccia.

I cartoni del succo di frutta furono inventati in Svezia durante la seconda guerra mondiale. L'inventore, Ruben Rausing, stava infatti cercando di sviluppare un progetto top secret: un tipo di carta rivestita capace di contenere liquidi. Nel 1951 Rausing brevettò il progetto per un contenitore di succhi, a forma di tetraedro, e l'anno seguente apparvero le prime confezioni di succo di frutta. La sua azienda, Tetra Pak, il cui nome si ispira alla forma del primo contenitore, è da allora leader del settore delle confezioni per alimenti.

Ma la forma del cartone come lo conosciamo noi oggi fu sviluppata più tardi, negli anni '60, e negli USA i cartoni di succo di frutta fecero la loro comparsa soltanto un decennio più tardi. Nel frattempo Tetra Pak si era ingrandita così tanto da produrre 20 miliardi di scatole l'anno

Il cartone di succo di frutta, detto "Tetra Brik", nasce in realtà sotto forma di enorme rullo di materiale da confezionamento, in questo caso un laminato multistrato di carta, foglio di alluminio e plastica. Il laminato viene srotolato dalla bobina e la forma del cartone viene creata nel momento in cui viene riempito con il succo. Un macchinario ritaglia in pochi secondi un foglio di carta dalle dimensioni appropriate, piega i lembi sul fondo per sigillare la confezione, riempie il contenitore con il succo e infine piega i lembi superiori per chiudere il cartone. L'ultima operazione è il collaggio di una piccola cannuccia in una bustina di plastica sul lato del cartone.

Per garantire la sicurezza sanitaria del prodotto, il succo viene sottoposto a pastorizzazione (trattamento termico) prima di essere immesso nella confezione, che viene a sua volta sterilizzata con qualcosa di simile a un leggero spray di perossido di idrogeno (acqua ossigenata). Il succo pastorizzato e la confezione sterilizzata si incontrano in un ambiente asettico per garantire la lunga durata del prodotto e l'assenza di microbi.

Le buste di succo sono addirittura più facili da creare, riempire e sigillare. In questo caso, una bobina di materiale da confezionamento (un foglio di alluminio e plastica) viene srotolata in un macchinario che piega il foglio in due, lo taglia, sigilla il fondo e i lati, riempie la busta appena creata con il succo, quindi sigilla la parte superiore. E anche qui, alla fine viene incollata sulla confezione una cannuccia avvolta nella plastica. Le macchine svolgono tutte queste operazioni così rapidamente che l'occhio umano fa fatica a seguirle.

Ora diamo un'occhiata a cosa c'è dentro i cartoni e le buste di succo di frutta. Indipendentemente da quale gusto comprate, l'ingrediente principale di solito è il succo di pera, d'uva o di mela. I sapori vengono aggiunti introducendo piccole quantità di altri ingredienti, solitamente un po' di succo concentrato, per esempio succo di ciliegia, e aromi artificiali. Perché? Il succo di mela, d'uva e di pera sono i succhi meno costosi in assoluto, e pertanto vengono utilizzati come ingrediente principale. Il succo degli altri tipi di frutta, molto più costoso, viene usato con maggiore parsimonia, giusto per dare il gusto.

I cartoni per il succo oggi sono utilizzati anche per una vasta gamma di alimenti liquidi: al supermercato troverete cartoni di latte a lunga conservazione, latte di soia, bevande sportive, minestre, tè, e anche vino. Ultimamente una grande azienda vitivinicola ha commercializzato della sangria in cartone: una buona idea per il vostro pranzo in ufficio.

Oggi Tetra Pak produce 105 miliardi di confezioni l'anno, all'incirca 15 per ogni persona sul pianeta. Ma dove vanno a finire poi tutte quelle confezioni? Anche se Tetra Pak sostiene che le sue confezioni sono riciclabili, la maggior parte finisce nelle discariche. I cartoni sono senz'altro ottimi contenitori monodose, tuttavia le loro conseguenze sull'ambiente non sono ancora del tutto note.

28
Attenzione alle diete a basso contenuto di carboidrati

Quando negli Stati Uniti erano in voga le diete *low-carb*, cioè a basso contenuto di carboidrati, si potevano trovare varianti specifiche praticamente di qualsiasi cibo, dalla cioccolata al gelato.

La cioccolata e il gelato di sicuro non sono prodotti a basso contenuto di carboidrati: il gusto dolce e la struttura si devono infatti proprio allo zucchero. Ma se un fanatico della cioccolata o del gelato vuole seguire un regime alimentare a basso contenuto di carboidrati cosa deve fare? Sostituire gli zuccheri con qualcos'altro. Gli alcoli dello zucchero, o polioli, sono gli ingredienti che rendono le varianti a basso contenuto di carboidrati adatte a chi ha un debole per i dolci ma vuole seguire un regime alimentare di questo tipo.

Ma che cosa sono esattamente i polioli, da dove vengono e perché non contano come carboidrati? I polioli si ottengono dallo zucchero attraverso un processo di idrogenazione e, sebbene abbiano una struttura simile, hanno proprietà molto diverse, in particolare per il modo in cui vengono utilizzati dal corpo.

Ma diamo innanzitutto un'occhiata alle differenze dal punto di vista chimico tra gli zuccheri e i polioli. Una molecola di zucchero contiene carbonio, ossigeno e idrogeno legati in una struttura specifica. Il saccarosio, un disaccaride, possiede 12 atomi di carbonio, 11 atomi di ossigeno e 22 atomi di idrogeno, mentre il glucosio, un monosaccaride, ne possiede, 6 e 12 rispettivamente.

Quando una molecola di saccarosio o di glucosio viene idrogenata (cioè vengono aggiunti ulteriori atomi di idrogeno), si trasforma in uno zucchero-alcol, o poliolo. In seguito all'idrogenazione, l'alcol di saccarosio, detto isomalto, possiede 24 atomi di idrogeno rispetto ai 22 del saccarosio (la quantità di carbonio e di ossigeno non cambia). Allo stesso modo, un alcol del glucosio, chiamato sorbitolo, contiene 14 atomi di idrogeno invece dei 12 atomi che si trovano nel glucosio.

Le molecole addizionali di idrogeno apportano proprietà molto differenti rispetto agli zuccheri originari.

In primo luogo, l'idrogenazione degli zuccheri li rende molto più digeribili dal nostro apparato gastrointestinale. A differenza delle quattro calorie di energie per ogni grammo di zucchero ingerito, i polioli apportano solo una o due calorie per grammo. In questo modo i "carboidrati netti", ovvero la quantità realmente utilizzata nel corpo, è molto più bassa.

I polioli inducono tra l'altro una risposta più bassa dell'insulina rispetto agli zuccheri, proprietà che li rende utili nei prodotti senza zucchero destinati ai diabetici e ad altre persone che devono fare attenzione alle alterazioni della glicemia.

Gli alcoli dello zucchero, oltretutto, non fanno cariare i denti: ecco perché sono usati tipicamente nelle gomme da masticare. La mamma, infatti, da piccoli ci faceva comprare solo gomme senza zucchero, che sono fatte con polioli.

Ma gli alcoli dello zucchero sono alcolici? No, è solo un termine chimico che indica la struttura specifica degli atomi di carbonio, idrogeno e ossigeno. Avrete la coscienza pulita anche dopo aver mangiato dei prodotti *low carb*, ma soprattutto potrete mettervi alla guida anche dopo aver mangiato un gelato a basso contenuto di carboidrati.

Gli alcoli dello zucchero sembrano presentare un sacco di vantaggi per la nostra dieta; ma se fanno così bene, perché non sono in commercio molti più prodotti che li contengono? Perché gli alimenti senza zucchero sono rimasti essenzialmente prodotti specifici per diabetici? La risposta risiede nel fatto che la maggior parte di essi ha un forte effetto lassativo. Gli alcoli dello zucchero non vengono digeriti molto bene a livello dello stomaco ed essendo molecole piccole assorbono molta acqua (per effetto osmotico). Per cui, non solo attraversano lo stomaco senza grosse alterazioni, ma raccolgono anche molta acqua e fuoriescono con grande rapidità. Oltretutto, i microrganismi dell'intestino fermentano i polioli, portando alla formazione di gas (un problema simile all'intolleranza al lattosio). Provate a mangiare un'intera vaschetta a basso contenuto di carboidrati di gelato ricoperto al cioccolato, e molto probabilmente vi toccherà fare un po' di corsette su e giù per il bagno.

Che ci crediate o meno, ci sono persone che promuovono un regime alimentare basato su questo effetto lassativo. Perdete sette chili in sette giorni con la dieta "Ex-Lax" (sul serio, esiste un sito web che incoraggia questo approccio). Quello che non dicono è quanto pericolosa può essere questa dieta; la disidratazione conseguente al consumo di questi alimenti è un problema che può anche portare anche alla morte.

Nonostante i potenziali vantaggi che ne possono trarre, le persone che seguono una dieta a basso contenuto di carboidrati devono pertanto fare attenzione a non mangiare troppi cibi contenenti polioli: consumarne quantità troppo elevate può condurre a effetti così negativi da rendere inutili i vantaggi di un regime alimentare a basso contenuto di carboidrati.

29
Che cos'è
un'allergia alimentare?

Quello che è cibo per un uomo
è veleno per un altro
Lucrezio

"Può contenere tracce di frutta a guscio", oppure "Prodotto in uno stabilimento che utilizza anche frutta a guscio": sono tipiche indicazioni che si trovano su molte confezioni di alimenti tra i cui ingredienti non figura la frutta a guscio. Ma a che cosa servono?

Con queste indicazioni i produttori intendono avvertire le persone che hanno allergie alimentari. Alcuni di noi presentano reazioni allergiche a determinati cibi e la frutta secca è in molti casi la responsabile. Approssimando un po' le cose, gli otto maggiori allergeni alimentari sono il latte, le uova, la frutta secca, il pesce, i molluschi e crostacei, la soia e il frumento.

Le allergie alimentari, per la ridotta percentuale di noi che ne soffre, possono causare grossi problemi. Anche una piccola quantità di frutta secca, o più precisamente delle sue proteine, è sufficiente a uccidere una persona che ne sia allergica. Avete letto bene, una persona che ha un'allergia grave alla frutta secca può morire nel giro di qualche minuto se mangia qualcosa che contiene anche meno di un milligrammo di proteine della frutta secca.

Si prenda per esempio un prodotto come gli M&M's: quelli al cioccolato non contengono frutta secca, tuttavia sulla confezione c'è scritto "Può contenere tracce di frutta a guscio". Dato che gli M&M's al cioccolato sono preparati con gli stessi macchinari usati per produrre gli M&M's alle arachidi, esiste la possibilità che vi sia rimasto anche un residuo minimo di arachide. Anche in seguito a un minuzioso lavaggio delle macchine, piccolissimi frammenti di arachidi possono contaminare i cioccolatini.

Il sistema immunitario delle persone che hanno una vera allergia alimentare reagisce all'ingestione di certi alimenti (l'antigene) liberando degli agenti chimici (anticorpi come le immunoglobuli-ne) dai globuli bianchi del sangue. Quando gli anticorpi reagiscono con gli antigeni, vengono liberati mediatori chimici come le istamine. Questi mediatori inducono delle alterazioni nel corpo che conducono allo shock anafilattico.

L'anafilassi può manifestarsi con sintomi molto diversi fra loro. Tra le potenziali reazioni vi sono la comparsa di una reazione cutanea (orticaria), colorito rosso, rigonfiamento della bocca e della gola, asma e debolezza associata a una caduta della pressione arteriosa seguita da vertigine e svenimento. Una situazione estrema può portare anche alla morte.

Una reazione simile si verifica in alcune persone quando vengono punte da un'ape, oppure se assumono certe medicine o addirittura se entrano in contatto con il lattice.

L'espressione "allergia alimentare", però, viene utilizzata spesso in maniera scorretta. Per esempio, quando le persone dicono che sono "allergiche" al latte, in realtà intendono dire che sono "intolleranti" al latte.

Una persona intollerante al lattosio che beve una tazza di latte può avere una reazione, ma non si tratta di uno shock anafilattico. Il lattosio passa attraverso lo stomaco senza essere digerito e quando arriva all'intestino viene fermentato dai batteri intestinali. La fermentazione produce gas (come nella birra e nello champagne), che può dare molto fastidio ed essere imbarazzante, ma non è la stessa cosa che manifestare uno shock anafilattico. L'incapacità di digerire il lattosio contenuto nel latte è un'intolleranza alimentare, non un'allergia alimentare.

E i produttori, come affrontano le crescenti preoccupazioni nei confronti delle allergie alimentari? Un sistema è senz'altro quello di scrivere "Può contenere tracce di frutta a guscio" sulle confezioni, ma per molte aziende non è sufficiente, e sicuramente non lo è per le persone allergiche alla frutta secca. L'unico modo per essere sicuri che un alimento è privo di allergeni è garantire che il cibo non entri mai in contatto con potenziali allergeni alimentari.

Molte aziende hanno scelto di installare linee di produzione separate per ottenere alimenti totalmente sicuri: una linea per i prodotti che possono contenere frutta secca e un'altra linea dedicata ai prodotti privi di frutta secca o di qualsiasi altro allergene. Alcune aziende stanno specializzando determinati stabilimenti nella produzione di alimenti privi di allergeni, in maniera che non vi sia nessuna possibilità di contaminazione. Questo sistema garantisce che un prodotto sia totalmente privo di allergeni e non c'è bisogno di nessuna indicazione sull'etichetta.

Il vantaggio è che questi prodotti possono essere consumati dalle persone che soffrono di allergie senza alcuna preoccupazione. Quello che è cibo per un uomo non deve mai essere veleno per un altro.

30
Un uso bizzarro
del *pudding* al cioccolato

Presso l'Università del Wisconsin, Madison, vi è un laboratorio di trasformazione alimentare in cui si dimostrano gli effetti dell'uso di amidi diversi sul gusto e sulla struttura del pudding al cioccolato. Un giorno, dopo la lezione, uno studente ci chiese se potevamo preparargli 400 litri di pudding. Abbiamo risposto di sì, senza sapere esattamente cosa intendesse fare con tutte quelle secchiate di pudding al cioccolato. Forse, abbiamo pensato tutti, ha un sacco di amici che vanno matti per il *pudding*...

Nessuno avrebbe qualcosa da ridire: il pudding è un prodotto semplice e delizioso. E invece tanti cibi apparentemente di semplice preparazione possono essere in realtà molto complessi. Parlare di pudding è una questione complessa, in parte perché esistono molti tipi di prodotti che portano lo stesso nome. L'*American Heritage Dictionary* offre due definizioni per *pudding*: la prima è un dessert dolce generalmente a base di farina, cereali macinati o qualche altra sostanza legante (come il sangue) che viene bollito, cotto al vapore o al forno; e questa è la categoria in cui rientra il pudding al cioccolato che produciamo al laboratorio, sebbene la definizione sia molto più ampia. La seconda definizione fa riferimento a un salume simile alla salsiccia prodotto con carne macinata insaccata in una pellicola artificiale o in pelle.

Come si può capire, con il nome pudding si possono chiamare cibi completamente diversi, che vanno dal pudding dello Yorkshire, fatto con il pane e il sughetto dell'arrosto, a una salsiccia confezionata con carne impastata con sangue coagulato. Si tratta di due prodotti totalmente diversi dal pudding al cioccolato che il nostro studente voleva in grandi quantità, chissà per quale ragione.

Il pudding, com'è conosciuto in America, è un dessert dolce con una consistenza simile al budino, qualcosa che si situa tra un liquido molto denso e un solido molto soffice. L'amido è il componente principale utilizzato per far addensare il pudding, ma anche l'aggregazione delle proteine svolge un ruolo importante nella formazione della consistenza del prodotto.

Ci sono due tipi di pudding al cioccolato, quello da cuocere e quello istantaneo: le loro proprietà sono leggermente diverse, dato il diverso sistema di preparazione.

Gli ingredienti del pudding al cioccolato da cuocere sono zucchero, amido di mais (o farina), polvere di latte, burro e polvere di cacao. La miscela di questi ingredienti viene portata a ebollizione; poi, con il raffreddamento, l'amido e le proteine (del latte) formano una matrice che conferisce la consistenza semi-solida al pudding.

I granuli d'amido contengono masse di molecole di amido, l'amilosio e l'amilopectina, impacchettate in fitti coaguli semicristallini con struttura a cipolla. Nell'acqua fredda, i granuli di amido conservano generalmente la forma iniziale, sotto forma di piccole particelle compatte. Il modo in cui i granuli di amido si vanno a disporre determina la consistenza del composto.

Ma come si comporta l'amido di mais nell'acqua fredda? Potete provare questo esperimento anche a casa. Aggiungete a un piccolo bicchiere d'acqua un po' di amido di mais e mescolate bene. Il risultato sarà molto simile al latte, o forse un po' più denso, a seconda di quanto amido avete aggiunto. Ora aggiungete dell'altro amido, fino a ottenere un composto contenente 70% di amido e 30% di acqua. Che tipo di aspetto ha questo composto? Negli anni '60 noi lo chiamavamo *mind pudding*. Prendete un po' del composto in mano e cominciate a rigirarlo: rimarrà solido fino a quando lo rigirate, ma se smettete si scioglierà improvvisamente, scomponendosi. Interessante. In termini prettamente tecnici, si tratta di un esempio di fluido dilatante, la cui viscosità varia a seconda dello sforzo di taglio a cui è sottoposto.

Ma ora torniamo alla cottura del pudding al cioccolato.

Se immersi in una quantità sufficiente di acqua e riscaldati, i granuli di amido subiscono mutamenti di rilievo. Con l'innalzamento della temperatura, l'acqua comincia a penetrare nell'amido, idratando e gonfiando ogni granulo. Continuando a riscaldare, le molecole di amilosio si spargono al di fuori del granulo in espansione e migrano nell'acqua. Alla fine, il granulo scompare del tutto. Riscaldando i granuli di amido per un minuto circa, tutte le molecole di amido si disperdono nell'acqua.

Quando l'amido bollito si raffredda, assume la consistenza di una gelatina, poiché le molecole si legano tra di loro, formando un liquido denso. È lo stesso principio che fa addensare la tipica salsa americana *Gravy*, se preparata nella giusta maniera. Se la gelatinizzazione non avviene correttamente, la salsa per la cena del Ringraziamento sarà un po' troppo liquida.

Nel pudding, però, c'è qualcosa oltre all'amido che lo rende così denso: anche le proteine, infatti, possono contribuire all'addensamento. Durante la cottura del composto del pudding, alcune proteine del latte si rompono, ovvero subiscono una denaturazione, e interagiscono con gli altri componenti, determinando una consistenza densa che va ad aggiungersi alla gelatinizzazione dell'amido. La differenza tra la consistenza del pudding e quella della salsa *Gravy* si deve in parte all'aggregazione proteica.

Quando produciamo il pudding in laboratorio, cuociamo il composto di latte e amido con un sistema dotato di getto di vapore che si mescola con la miscela di amido e la cuoce quasi istantaneamente. Il composto del pudding riceve un'iniezione di vapore ad alta pressione, che riscalda rapidamente e gelatinizza l'amido. Dal sistema a getto esce un pudding bollente, con amido gelatinizzato e proteine aggregate: va lasciato raffreddare se lo si vuole assaggiare.

Rispetto al pudding da cuocere, il pudding istantaneo è un ottimo esempio di come le scienze dell'alimentazione e la tecnologia ci hanno reso la vita più facile, creando alimenti più pratici. Con il pudding istantaneo, non dovete fare altro che aggiungere latte, mescolare, metterlo nel frigo, e mangiarlo: non è necessario alcun tipo di cottura.

Ma la praticità implica anche una maggiore complessità. Generalmente, il pudding istantaneo condivide il tipo di amido e la matrice di proteine con il pudding da cuocere; la struttura, però, deve essere sviluppata in maniera diversa. In primo luogo, nel composto viene usato amido istantaneo, ovvero amido pre-gelatinizzato dal produttore e che necessita soltanto di acqua fredda per spargersi. E poi l'aggregazione della proteina del latte viene eseguita chimicamente, attraverso l'addizione al composto di sali che precipitano le proteine del latte senza bisogno di somministrazione di calore.

Ecco perché per i pudding istantanei non si può usare latte di soia: le proteine della soia non vengono aggregate dai sali nel composto essiccato del pudding. In poche parole, non si ottiene un pudding dalla giusta densità.

Come forse avevate sospettato, le intenzioni dello studente che ci aveva chiesto il pudding non erano del tutto rispettabili. Aveva bisogno di una grande quantità di pudding a basso costo per un divertimento universitario molto popolare: la lotta nel pudding, simile alla lotta nel fango. Lo studente sperava nell'aiuto del nostro getto di vapore per evitare l'acquisto di montagne di lattine di pudding...

E voi che storie bizzarre avete da raccontare sul pudding?

31
La magia della gelatina

Il sito del museo del dessert alla gelatina *Jell-O* (www.jellomuseum.com) dichiara che

> una ciotola di gelatina *Jell-O* possiede onde cerebrali identiche a quelle di uomini e donne adulti.

Significa forse che la ciotola di *Jell-O* è in grado di pensare come un adulto? La gelatina è la materia prima degli orsetti gommosi e dei *marshmallow* che si trovano a vendere nelle bancarelle dei mercatini: forse, senza che lo sapessimo, anche quelle caramelle soffici e gommose possiedono delle onde cerebrali come un uomo adulto...

Ma che cos'è esattamente la gelatina e da dove proviene? La gelatina è una proteina complessa ottenuta dalla demolizione del collagene, quella cosa che si trova nel nostro corpo e grazie alla quale abbiamo una pelle sana e luminosa. Anche gli animali sono provvisti di collagene, anche se molto probabilmente le rughe non rientrano tra le loro preoccupazioni. La fonte del collagene usato per la produzione della gelatina è costituita da tessuti animali quali pelle, tessuti connettivi e ossa. Il collagene della gelatina deriva solitamente da bovini e suini, ma anche da alcune parti di pesci.

Per produrre la gelatina, il collagene dalla struttura complessa che si trova nelle ossa e nella pelle viene estratto dalla matrice prima di essere sottoposto a denaturazione parziale per ottenere una proteina chiamata, appunto, gelatina. In realtà, il processo di denaturazione è molto simile a quello che succede allo stufato quando lo lasciate ore e ore sul fuoco. Il collagene contenuto nei tessuti connettivi della carne, che dovremmo chiamare cartilagine se non l'avessimo cucinata bene, si scompone per opera del calore umido, e diventa gelatina. Il risultato è una carne morbida e tenera, poiché la cartilagine è stata demolita. Come forse può suggerire il nome, se il collagene viene fatto demolire troppo otteniamo... colla.

Ma quanta gelatina c'è davvero nel preparato della *Jell-O*? La polverina contenuta in una confezione contiene solo una piccola percentuale di gelatina mescolata a zucchero, aromi e coloranti. Basta aggiungere dell'acqua calda perché il tutto si disciolga e basta lasciare raffreddare perché si formi il gel. Dato che all'inizio si presenta come un liquido, lo potete versare in un contenitore della forma che preferite. Infilateci delle verdure e otterrete un'insalata tremolante, oppure infilateci dentro la frutta e otterrete un dessert. C'è sempre uno spazietto per la gelatina *Jell-O*, vero?

Una delle proprietà particolari della gelatina è che essa forma un gel termoreversibile. Se viene aggiunta dell'acqua calda, la gelatina si scioglie e diventa liquida. Quando il liquido si raffredda al di sotto del punto di fusione, assume nuovamente una struttura gelatinosa. Riscaldatelo di nuovo e tornerà liquido. Raffreddatelo ancora: avrete di nuovo un gel. Potete provarlo a casa. Avrete bisogno di un preparato per gelatina, un frigo e un forno a microonde (fate attenzione a non riscaldare troppo). Con pazienza e attenzione, sarete in grado di dimostrare il comportamento termoreversibile della gelatina.

Ma che cos'è un gel? È un particolare stato della materia: non è né solido, né liquido, ma qualcosa che sta nel mezzo. A volte questi materiali vengono chiamati "solidi molli". Altri esempi sono lo yogurt e il formaggio, entrambi gel di proteine del latte.

In realtà un gel è per lo più un liquido, con una piccola porzione di materiale in forma solida. C'è bisogno soltanto di una piccola percentuale di gelatina per preparare un dessert semi-solido: è il gel che tiene insieme la gelatina in maniera che non si sciolga. La maggior parte della struttura del dessert *Jell-O* è costituita dallo sciroppo colorato e aromatizzato mantenuto compatto dalla matrice di gel. Ecco perché è chiamato "solido molle": non fa male se vi colpisce in testa.

Per fare un gel, le molecole di gelatina si riposizionano formando fasci di triple eliche intermolecolari, che è una maniera complicata per dire che le singole molecole di gelatina si legano tra loro. I reticoli formati dalle molecole di gelatina intrappolano il liquido e conferiscono ai prodotti a base di gelatina il caratteristico aspetto tremolante e la struttura gommosa.

Da dove provengono le onde cerebrali della gelatina? Questa è una faccenda per il dottor Frankenstein, ma va detto che trovarsi fra le mani degli orsetti gommosi che rispondono a tono costituirebbe senz'altro una sorprendente esperienza gastronomica.

32
Il *pretzel*, un pane dalla lunga storia

Provate a spezzare un *pretzel* e noterete che l'esterno è di un colore marrone scuro, mentre l'interno conserva il colore chiaro dell'impasto. Il processo che porta alla formazione della crosta marrone è molto interessante, ma prima di arrivarci soffermiamoci sulla storia dei pretzel.

I pretzel sono in circolazione da tempo immemore, anche se, come succede per molti prodotti, la loro origine è ancora dibattuta.

Secondo una teoria, all'inizio del Seicento un monaco italiano creò la forma del pretzel nel tentativo di trovare un modo per riutilizzare l'impasto avanzato dalla preparazione del pane. Prima di infornarlo, formò con l'impasto un cordone e vi strinse un nodo a metà, premendolo bene con le mani per sigillarne la forma. Sembra che la sua intenzione fosse quella di imitare la forma delle braccia incrociate sul petto durante la preghiera. Il nome deriva dalla parola latina *pretiola* che significa "piccola ricompensa".

I pretzel duri sono preparati con lievito, farina, zucchero, sale e con ingredienti a piacimento. Dopo la lavorazione, all'impasto viene prima data la forma desiderata, quindi i pretzel vengono tuffati in un'apposita soluzione e cosparsi con sale prima di essere infornati.

Possono essere gustati da soli, ma molti preferiscono mangiarli con un accompagnamento, di solito la senape. Cresciuti a New York, io e miei fratelli spremevamo il tubetto di senape sui pretzel per mangiarli con più gusto. A quanto pare, però, i pretzel cadono sempre dal lato della senape: molti andarono persi in questo modo. Ma i pretzel possono essere gustati anche in diverse forme e dimensioni. Oltre alla forma tradizionale, si possono trovare a forma di bastoncini, grissini e bocconcini. Da piccoli ci piacevano particolarmente i bastoncini di pretzel perché potevamo usarli per fare finta di fumare un sigaro.

La tipica forma annodata dei pretzel può essere fatta a mano, ma sono stati sviluppati dei macchinari con delle braccia meccaniche appositamente studiate per questa operazione. La lavorazione a mano, infatti, è lenta e ripetitiva e può divenire molto faticosa per chi la esegue a lungo. Sembra che anche il panettiere più veloce riuscisse a fare al massimo 40 pretzel all'ora. In seguito, con l'introduzione delle impastatrici automatiche, la produzione è aumentata notevolmente, ma le moderne innovazioni tecnologiche l'hanno incrementata ancora di più. Ora, per mezzo di appositi estrusori, i pretzel vengono prodotti al ritmo di migliaia di pezzi l'ora.

L'impasto viene inserito in un estrusore, che è sostanzialmente un cilindro cavo con una vite rotante che spinge forzatamente l'impasto attraverso un piccolo foro (la trafila) collocato alla fine del tubo. La forma della trafila determina la forma del pretzel. Fuoriuscito dall'estrusore, l'impasto viene tagliato, immerso in soluzione, salato e cotto al forno.

Per determinare se un pretzel è stato estruso o lavorato a mano con il sistema tradizionale, basta osservare i punti di unione del nodo. I pretzel fatti a mano hanno delle giunzioni sollevate, in cui il cordone passa su sé stesso e si chiude alle estremità. I pretzel a produzione industriale non hanno dei punti di giunzione veri e propri, ma solo una massa solida di impasto di pretzel. Praticamente tutti i pretzel duri che si trovano oggi in commercio sono prodotti per mezzo dell'estrusione.

Come si ottiene allora quel particolare colore marrone della crosta del pretzel? Prima di essere infornati, i pretzel vengono rapidamente immersi in soda caustica, una potente soluzione alcalina fatta con idrossido di sodio o di potassio, spesso derivata dall'immersione in acqua di trucioli di legno carbonizzati.

L'immersione in soda caustica degrada l'amido contenuto nella farina sulla superficie del pretzel. L'amido decomposto reagisce nel calore del forno producendo il colore marrone. L'immersione è troppo rapida per agire sull'interno del pretzel, per cui quando viene cotto in forno, la superficie diventa di un marrone scuro, mentre l'interno rimane bianco.

Per che cos'altro viene usata la soda caustica? Per esempio nel baccalà norvegese (*lutefisk*), in cui demolisce le proteine, creando quella consistenza simile alla gelatina. Ma la soda caustica è anche l'ingrediente attivo dei prodotti per sturare gli scarichi dei lavelli, in quanto è in grado di disciogliere i capelli e il grasso fermi nei tubi. Ma che bontà!

È difficile immaginare che una sostanza chimica del genere possa realmente essere utilizzata nella ricetta dei pretzel. Eppure, senza l'immersione in soda caustica non si formerebbe quella tipica crosta marrone che abbiamo tutti imparato ad apprezzare.

33
Chi ha paura del burro di arachidi?

Per caso soffrite di arachibutirofobia? È una fobia connessa al burro di arachidi, ma non è paura del burro di arachidi in sé. Cosa ci sarà da avere paura in questo delizioso cibo appiccicoso?

Secondo il *Peanut Advisory Board* della Georgia (l'associazione locale dei produttori di arachidi), il burro di arachidi è stato inventato da un dottore di Saint Louis allo scopo di fornire un alimento nutriente ai pazienti con problemi dentari che avevano bisogno di un sostituto proteico, ma che non riuscivano a masticare frutta secca intera. Le arachidi macinate, ricca fonte di proteine, fornirono la soluzione al problema. Il burro di arachidi è probabilmente il primo cibo geriatrico della storia, il capostipite di tutti quei cibi molli e facili da masticare che vengono offerti nei buffet dove si può mangiare quanto si vuole.

Il burro di arachidi naturale contiene solo arachidi macinate, un po' di sale come condimento, e nient'altro. Il problema del burro naturale di arachidi, però, è che l'olio di arachidi si "separa" dal resto delle arachidi e risale fino alla parte superiore dei vasetti. Poi ci vuole un bel po' di olio di gomito per rimescolare l'olio con le arachidi.

Al burro di arachidi trattato, d'altra parte, vengono aggiunti agenti stabilizzanti per tenere insieme la miscela. Secondo l'apposito regolamento della *Food and Drug Administration* (FDA), il burro di arachidi deve contenere almeno il 90% di arachidi e non più del 55% di grassi. Oltre a questi, gli ingredienti consentiti sono degli esaltatori di sapidità e uno stabilizzante, solitamente olio vegetale parzialmente idrogenato.

Nell'elenco degli ingredienti sulla confezione del burro di arachidi di solito figurano

arachidi tostate, zucchero, oli vegetali parzialmente idrogenati (che ne impediscono la separazione) e sale.

L'aggiunta di zucchero rende il burro più dolce, una caratteristica che piace molto ai bambini. Il sale, un intensificatore del sapore, esalta il gusto delle arachidi proprio come succede con le arachidi tostate. L'olio vegetale parzialmente idrogenato viene aggiunto per impedire all'olio di arachidi di "galleggiare" nella parte superiore del vasetto. Il grasso vegetale idrogenato ha un punto di fusione molto più elevato dell'olio di arachidi, per cui esso forma un reticolo continuo di cristalli di grasso e trattiene l'olio liquido al suo posto.

Le informazioni nutrizionali sull'etichetta, però, dichiarano che il burro di arachidi industriale non contiene grassi *trans*, sebbene vi siano grassi idrogenati, una nota fonte di questo tipo di grassi. Com'è possibile? Facciamo un po' di calcoli. Una porzione singola di burro di arachidi è di 32 grammi. Se vi aggiungiamo il 3% di grasso idrogenato, ogni porzione ne contiene poco meno di un grammo. Il grasso parzialmente idrogenato, d'altra parte, contiene meno del 40% di grassi *trans*, quindi il contenuto totale di acido grasso *trans* in una porzione corrisponde a meno di mezzo grammo, che è il valore spartiacque: se una porzione contiene meno di mezzo grammo, la FDA permette al produttore di indicare sull'etichetta "zero grammi di grassi *trans*".

Ma cosa rende il burro di arachidi così appiccicoso? Secondo un'ipotesi, l'elevato contenuto proteico del burro di arachidi fa seccare la bocca. Ecco perché un tramezzino con burro di arachidi si appiccica al palato.

Forse l'ipotesi è vera, ma un panino con della fesa di tacchino arrosto si appiccica al palato tanto quanto un tramezzino al burro di arachidi. Con un semplice panino al formaggio può andarvi anche peggio, dato che non vi è nessun ingrediente che agisca da lubrificante.

Secondo un'altra teoria, i tramezzini si attaccano alla bocca perché l'aria tra il panino e il palato viene compressa e spinta verso l'esterno, creando un vuoto simile a quello che provoca un tappo in gomma per il lavandino. Se fosse vero, il pane, che normalmente contiene un gran numero di cellette d'aria, sarebbe davvero di pessima qualità, ma è piuttosto improbabile che il burro di arachidi da solo sia la causa dell'attaccamento al palato.

Indipendentemente da cosa renda appiccicoso un tramezzino alle arachidi, il fatto positivo è che siete giustificati ad aggiungerci un ingrediente qualsiasi per impedire che si incolli al palato. A qualcuno piace aggiungere una banana o anche della pancetta affumicata. Esiste un sandwich, a quanto pare inventato dal vicepresidente statunitense Hubert Humphrey, che contiene burro di arachidi, mortadella, formaggio *Cheddar*, lattuga e maionese su pane tostato accompagnato da ketchup.

Qual è la vostra combinazione di ingredienti preferita per preparare un panino al burro di arachidi?

Infine, se ancora non lo avevate capito, l'arachibutirofobia è la paura che il burro di arachidi rimanga appiccicato al palato. Ma con così tanti ingredienti a disposizione per accompagnarlo, dalla marmellata d'uva alle banane, non dovrete avere alcun timore nell'addentare un sandwich al burro di arachidi.

34
Würstel al formaggio

A Madison, nel Wisconsin, nel weekend che precede il giorno dei lavoratori (negli Stati Uniti il primo lunedì di settembre) si celebra ogni anno il *Brat Fast*, un'enorme sagra del würstel. È un ottimo modo per concludere degnamente l'estate: gustose salsicce ripiene al formaggio, cotte alla griglia e accompagnate da fiumi di birra fresca. Non farà benissimo alla salute, d'accordo, ma una volta tanto si può cedere alla tentazione.

Il formaggio usato per il ripieno di alcuni würstel (prodotti recentemente commercializzati anche in Italia) è stato l'oggetto di una nostra indagine. Abbiamo condotto una ricerca su un problema riguardante questi prodotti, il cosiddetto "scioglimento a freddo" del formaggio contenuto nel ripieno, che si verifica quando la sua consistenza diventa troppo molle e liquida anche prima della cottura. Il formaggio, in teoria, dovrebbe sciogliersi solo quando il würstel viene riscaldato, non quando è ancora nella confezione.

Se avevate già fatto caso a questo problema, siete tra quelli a cui piace giocare con gli alimenti e che li aprono per vedere cosa c'è dentro. Se non l'avete ancora fatto, sacrificate pure un würstel al formaggio per vedere com'è fatto. I produttori lo fanno di routine: esaminare l'interno di un campione di alimenti è parte integrante del protocollo del controllo qualità.

Ciò che abbiamo riscontrato nel campione scelto a caso di würstel è che in alcuni casi il formaggio nella confezione si era già rammollito e aveva una consistenza collosa. Spremendo il salsicciotto, il formaggio schizzava letteralmente via dalla sezione tagliata, colando: un'immagine non propriamente invitante.

Per riuscire a capire le cause del problema, abbiamo effettuato dei rilevamenti sulle diverse proprietà del salsicciotto e del formaggio, dal contenuto di acqua a quello di grasso. Abbiamo scoperto che gran parte della responsabilità andava attribuita alla possibilità che i liquidi hanno di migrare, quella che gli scienziati dell'alimentazione chiamano "attività dell'acqua". Un maggiore contenuto d'acqua implica generalmente una maggiore attività dell'acqua: esistono però delle molecole solubili, come i sali e gli zuccheri, che vanno a interagire con l'acqua e possono ridurre l'attività dell'acqua.

I salsicciotti in cui era stata riscontrata un'attività dell'acqua molto più elevata rispetto al ripieno presentavano, dopo poco tempo, del formaggio liquido e colante, poiché parte dell'acqua contenuta nella carne era migrata verso il formaggio per una questione di riequilibrio interno. Il maggiore contenuto d'acqua rendeva il formaggio molle, da cui lo scioglimento a freddo.

Quando il prodotto viene confezionato, il formaggio presenta una giusta consistenza. È solo con il tempo, durante la conservazione del prodotto, che l'acqua migra, favorendo lo scioglimento del ripieno. Cosa possono fare i produttori per rallentare questi processi naturali e prolungare la vita del prodotto, almeno parzialmente?

In questo caso esistono due possibilità. La prima è quella di cercare di equilibrare l'attività dell'acqua tra il formaggio e la carne del würstel. Se non vi è migrazione di acqua, il formaggio non si scioglie. Tuttavia, ridurre il contenuto d'acqua della carne, o peggio aggiungere zucchero e sale, rende immangiabile il salsicciotto. Il prodotto durerà forse più a lungo, ma il sapore sarà sgradevole. E gli interventi sul formaggio sono vincolati da regolamenti federali che definiscono le caratteristiche dei vari tipi di formaggio.

La seconda possibilità è quella di interporre una barriera ai liquidi tra il würstel e il formaggio, un po' come si fa per rendere impermeabili gli stivali in pelle. Nei würstel con ripieno al formaggio, un sottilissimo strato di grasso o di olio può costituire un'ottima barriera per i liquidi. Il problema è collocare e far rimanere questo sottilissimo strato sulle striscioline di formaggio mentre vengono unite alla carne tritata: non è affatto facile, perché lo strofinamento che avviene durante la preparazione consuma gradualmente i grassi.

Esiste, però, un'altra possibilità, ed è forse la migliore: mangiate i würstel appena fatti. Poiché non è trascorso tempo sufficiente perché l'acqua migri al suo interno, potrete gustare il vostro salsicciotto al formaggio senza scioglimento a freddo. Di fresco ci sarà solo una bella birra ad accompagnarlo.

35
Il ghiaccio:
dalla natura al gelato

Il ghiaccio. In natura lo si può trovare in un'incredibile varietà di forme. Fatevi un giro all'aperto in una fredda giornata d'inverno e rimarrete stupiti dalla sua diversità: dalle superfici ghiacciate dei laghi, così spesse da poterle percorrere in macchina, agli ammassi di terra ghiacciata. C'è la neve fresca per le piste da sci e la neve compatta per le discese in slittino e le palle di neve. Quando le strade vengono sparse con sale o sabbia, ecco che si forma neve sporca ai bordi. E c'è anche la neve artificiale sulle piste da discesa: vi siete mai chiesti come la fanno?

Arrivati a febbraio o marzo sarete probabilmente stufi di neve e ghiaccio, ma una situazione in cui il ghiaccio è sempre apprezzato, e indispensabile, è quando viene servito un dessert freddo. La dolce freschezza di un gelato o di un ghiacciolo è particolarmente piacevole con l'aumentare delle temperature.

La diversità del ghiaccio contenuto nei gelati è ampia quasi come quella che si trova in natura. I produttori di gelati creano le condizioni necessarie per ottenere una forma di ghiaccio specifica per ogni prodotto. Ghiaccioli, sorbetti, granite, gelati alla frutta o alla crema: ogni prodotto contiene un tipo vagamente diverso di ghiaccio, in base agli ingredienti e alla preparazione.

Se vi è mai capitato di fare del gelato o dei ghiaccioli in casa, saprete che il processo di congelamento è la fase più importante, ed è anche molto diversa per l'uno e per gli altri. Se la crema del gelato viene fatta congelare in uno stampino da ghiacciolo, il risultato non è né un gelato, né un ghiacciolo, ma una via di mezzo. I cristalli di ghiaccio che si formano nei ghiaccioli, infatti, sono molto diversi da quelli che si formano in un gelato: la differenza la fa il mescolamento durante la fase di congelamento.

Per fare il gelato in casa, bisogna prima versare la crema in un contenitore di metallo e quindi immergerlo in ghiaccio tritato e sale grosso (salamoia). L'effetto della salamoia ghiacciata fa conge-lare parte dell'acqua contenuta nella crema sul lato interno del contenitore di metallo. Delle spatole azionate da un motore elet-trico mescolano la crema, portando lo strato ghiacciato verso il centro del composto, dove la temperatura si mantiene ancora leg-germente più alta. Il procedimento è ripetuto costantemente: le spatole continuano a girare nel contenitore e il ghiaccio va gra-dualmente formandosi nella crema. Quando il composto raggiun-ge la densità adeguata, si spegne il motore ed è ora di gustare il gelato.

Se viene preparato nella maniera corretta, il gelato presenta un numero enorme di minuscoli cristalli di ghiaccio abbastanza uniformi (immagine in alto) che conferiscono una struttura omo-genea al composto. Se i cristalli di ghiaccio sono troppo grandi, sentirete una consistenza un po' grossolana in bocca.

I ghiaccioli, d'altra parte, vengono fatti congelare in maniera statica, senza alcun mescolamento (vedi Capitolo 36): basta versa-re lo sciroppo negli stampini e lasciarlo congelare. A causa di que-sta staticità, i ghiaccioli contengono cristalli di ghiaccio lunghi e stretti (immagine in basso nella pagina accanto) e hanno una struttura quasi friabile, che si scompone in bocca.

Naturalmente, la natura dei cristalli di ghiaccio svolge un ruolo fondamentale per il tipo di struttura e la qualità del prodotto con-gelato: un gelato che contenga cristalli di ghiaccio simili a quelli dei ghiaccioli non sarebbe accettabile.

I ricercatori hanno pertanto ideato e sperimentato degli stru-menti speciali per il congelamento, simili a quelli usati per la pro-duzione della neve artificiale, allo scopo di controllare la forma-zione di ghiaccio negli alimenti. Esistono diverse sostanze nu-cleanti, che favoriscono cioè la formazione di ghiaccio in condi-zioni in cui altrimenti non si formerebbe. Dai piccoli cristalli di io-duro d'argento utilizzati nella semina delle nubi alle pareti cellulari dei batteri (un fatto scoperto proprio presso l'Università del Wisconsin a Madison molti anni fa), le sostanze nucleanti sono un grande business. In molte località turistiche invernali, infatti, per fa-vorire la formazione del ghiaccio si aggiunge all'acqua pompata attraverso i getti dei cannoni spara-neve un prodotto a base di cellule batteriche decomposte. Gli stessi frammenti di cellule bat-teriche vengono ora utilizzati in alcuni test sugli alimenti congelati per stabilire se sono in grado di favorire la formazione di cristalli di ghiaccio della forma e dimensioni adeguate. Immaginate cosa vorrebbe dire mettere in freezer una busta di crema, assieme alle giuste sostanze nucleanti, e trovare pronti, senza dover mescolare, i numerosi cristalli di ghiaccio necessari per la struttura di un buon gelato. I ricercatori si stanno avvicinando a questo risultato, ma permangono ancora diverse sfide da affrontare.

Per esempio, vi potreste domandare se faccia bene mangiare del gelato fatto con una sostanza nucleante a base di batteri... Ebbene, in questo caso i batteri sono stati prima uccisi e le loro cellule vengono spezzate in frammenti. Si tratterà anche di un sistema del tutto sicuro, ma per il momento rimane consigliabile evitare di mettersi a mangiare la neve delle piste da sci...

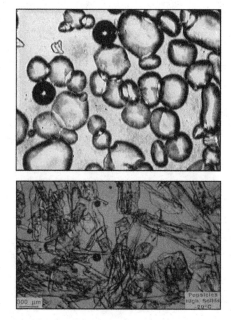

Immagini tratte da R.W. Hartel (2001) *Crystallization in Foods*, Kluwer Academic/Plenum Publishers, New York

36
Il tempo dei ghiaccioli

L'estate è il momento migliore per gustare quei ghiaccioli che tenete in frigo (ma fate attenzione a non lasciare aperto il freezer troppo a lungo, altrimenti farete uscire il freddo!): il tipico stecco con ghiaccio zuccherato al gusto di frutta è pratico da mangiare e vi darà un po' di refrigerio.

La leggenda vuole che i ghiaccioli americani *Popsicle* siano stati inventati (o scoperti) da un ragazzino californiano di undici anni che avrebbe lasciato per caso una limonata fuori di casa, con dentro uno stecchetto. Grazie alle basse temperature notturne, il giorno seguente il ragazzo si trovò con la limonata ghiacciata sullo stecco e decise di chiamarla *Epsicle*, un incrocio tra la parola "*icicle*", in inglese "ghiacciolo", e il suo nome, Frank Epperson. Furono necessari quasi venti anni per riuscire a brevettare il ghiacciolo Epsicle, il cui nome fu poi cambiato in Popsicle, grazie all'insistenza dei figli dell'inventore.

I ghiaccioli hanno fatto una lunga strada dall'epoca di Frank Epperson. Al posto della limonata, nell'elenco degli ingredienti oggi figurano zuccheri, stabilizzanti, coloranti e aromi. Il colore e il sapore sono importanti per attirare i consumatori, ma è dalla scelta degli zuccheri e degli stabilizzanti che dipendono le caratteristiche del ghiacciolo. Senza di essi, non sarebbe altro che un cubetto di ghiaccio colorato.

Lo zucchero abbassa il punto di congelamento dell'acqua: detto altrimenti, l'acqua zuccherata congela a una temperatura più bassa dell'acqua pura, il che significa che, sebbene i ghiaccioli sembrino piuttosto duri, in realtà contengono dell'acqua allo stato liquido. Un ghiacciolo non è altro che un grumo di cristalli di ghiaccio tenuti insieme da una sostanza semi-liquida contenente zuccheri, coloranti e aromi disciolti. Più ghiaccio (e meno liquido) vi è, più duro è il ghiacciolo.

L'abbassamento del punto di congelamento avviene in funzione della dimensione e del numero delle molecole di zucchero. Gli zuccheri che possiedono molecole di dimensioni più piccole, come il fruttosio e il glucosio, abbassano il punto di congelamento più di quanto facciano gli zuccheri con molecole più grandi, come il saccarosio. L'elenco degli ingredienti di molti alimenti ghiacciati comprende diversi dolcificanti come lo sciroppo di mais e i concentrati di succo di frutta, proprio perché riducono la proporzione di ghiaccio e impediscono al ghiacciolo di indurire troppo.

Gli altri ingredienti funzionali dei ghiaccioli, oltre all'acqua e ai dolcificanti, sono gli stabilizzanti. In questo caso, si tratta di gomme (farina di carrube, gomma di xantano, ecc.) che conferiscono al liquido una maggiore viscosità e consentono quindi di controllare la formazione del ghiaccio prima di procedere al congelamento. Oltretutto, gli stabilizzanti contribuiscono a impedire che il ghiaccio disciolto fuoriesca dal composto, evitando che il vostro ghiacciolo vi sgoccioli sulla mano.

Anche il procedimento di produzione è oggi molto più tecnologico di quanto lo fosse ai tempi di Frank Epperson. In moderni freezer automatici, vengono prodotti migliaia di ghiaccioli ogni ora. Il composto zuccherato viene depositato in stampi che poi vengono immersi in una salamoia (sale e acqua) a temperatura molto bassa, provocando un congelamento rapido. Gli stecchetti vengono poi aggiunti agli stampi nella fase di congelamento.

Questo metodo di congelamento, detto "quiescente" in quanto non vi è mescolamento, produce cristalli di ghiaccio lunghi e sottili (vedi Capitolo 35). Inizialmente, essi si formano sulla superficie dello stampo dove le temperature sono più fredde, quindi crescono radialmente verso l'interno, fino al centro dello stampo. Tutti i cristalli di ghiaccio sono rivolti in direzione dello stecco. La prossima volta che addentate un ghiacciolo, fate caso al verso in cui si è formato il ghiaccio.

Come tanti altri prodotti, anche i ghiaccioli si sono evoluti nel corso del tempo: si trovano infatti in commercio numerose varianti del classico ghiacciolo sullo stecco di Frank Epperson. Ora ci sono ghiaccioli "gemelli", con due stecchi e due ghiaccioli, uniti lungo il fianco. C'è il ghiacciolo arcobaleno, prodotto congelando in sequenza tre o quattro strati diversi di sciroppo di zucchero. Ci sono ghiaccioli che si illuminano al buio, in cui viene inserito uno stecco "luminoso". Potete anche inventare il vostro ghiacciolo personale, come facevamo noi da piccoli, riempiendo gli stampini con gelatina liquida, una bibita o succo di frutta e mettendoli a congelare in freezer.

La prossima volta che preleverete uno di quei ghiaccioli dal freezer, fermatevi a studiarne i cristalli di ghiaccio mentre vi concedete un po' di refrigerio. Un ghiacciolo è senz'altro un piccolo piacere, ma alle sue spalle c'è anche molta scienza.

37
Gli spumoni "d'America"

Ogni anno, gli sviluppatori di prodotto alla *Ben&Jerry* inventano diversi nuovi gusti, per invogliarci a mangiare sempre più gelato, allo stesso tempo sorprendendoci con la loro creatività.

Tra i nuovi gusti lanciati di recente vi sono il *Vermonty Python*, il *Black and Tan* (ispirato al mix tutto irlandese di birra scura Guinness e birra chiara Harp), e *Neapolitan Dynamite*. In una scena del film americano *Napoleon Dynamite*, i personaggi creano un gelato mettendo insieme il gusto *Cherry Garcia* con il gusto *Chocolate Fudge Brownie*, dando forma a qualcosa di simile a uno spumone napoletano a gusti stratificati.

La versione americana dello spumone, ispirata proprio al gelato tipico di Napoli, creata alla fine dell'Ottocento e detta in inglese *Neapolitan ice cream*, è fatta con strati di gelato al cioccolato, vaniglia e fragola.

Lo spumone viene spesso servito a strati di gelato separati da frutta fresca e secca, che si trovano anche all'interno del gelato, spesso al gusto di cioccolato e pistacchio, a volte mescolato anche a panna montata.

Come va mangiato lo spumone? Mangiate per primo il vostro gusto preferito o lo lasciate per ultimo?

In un sondaggio senza valore statistico su internet, la metà delle persone ha dichiarato di mangiare prima il gusto preferito, un terzo ha dichiarato di lasciarlo per ultimo, e le restanti persone non avevano un gusto preferito. Chissà se l'ordine con cui mangiamo il cibo, come i gusti dello spumone, esprime qualcosa del nostro atteggiamento nei confronti della vita… Forse i pessimisti mangiano il proprio gusto preferito per primo, temendo che qualcuno possa portarglielo via, o che possa cadere sul pavimento, o peggio. E gli ottimisti mangiano prima gli altri gusti per poter assaporare con calma il preferito alla fine? E voi? Quale gusto lasciate per ultimo? Da piccolo, mangiavo subito la vaniglia e il cioccolato, lasciando il mio gusto preferito, la fragola, sempre per ultimo. Se questo piccolo test psicologico-alimentare contiene qualche verità, allora sarei un ottimista, ma con dei gusti piuttosto eccentrici.

Il gusto di gelato al primo posto della classifica, in termini di quantità vendute, è la vaniglia, mentre al numero due probabilmente c'è il cioccolato. Il gusto alla vaniglia è al primo posto perché è con esso che si fanno altri prodotti, come alcune coppe gelato e il *milk shake*, non necessariamente perché sia il gusto preferito della gente. Ci scommetterei che, nel mangiare gli spumoni, la maggior parte degli ottimisti lascia il cioccolato per ultimo.

Come viene fatto uno spumone? Per comprenderlo bene, dobbiamo prima capire il processo di produzione del gelato in generale.

Tutti i gelati attraversano un processo di congelamento a due fasi. La prima fase porta a un prodotto semi-congelato, simile al gelato soft delle macchinette e molto malleabile. La seconda fase, quella dell'indurimento, congela il prodotto fino a ottenere una forma densa.

Per fare uno spumone, gli strati dei diversi gusti di gelato, prodotti separatamente, vengono assemblati in "mattoncini" multicolore all'interno di uno stampo. Dopo averli fatti indurire, questi "mattoncini" vengono inseriti in confezioni da due litri o tagliati a fette pronte per il consumo.

In un moderno stabilimento di gelati, i tre gusti di gelato soffice, prodotti in congelatori diversi, vengono inseriti in una macchina che estrude mattoncini di gelato a tre strati, che vengono poi tagliati e fatti indurire.

Ma a quelli della *Ben&Jerry* com'è saltato in mente di creare il gusto *Neapolitan Dynamite*? Un dipendente, fan del film *Napoleon Dynamite*, ha avanzato la proposta di inventare un gusto ispirato proprio a quel film. I gelatieri creativi della *Ben&Jerry* non hanno fatto altro che abbinare tre gusti di gelato che già producevano per dare vita al gelato tricolore.

Ma aspettate un momento... Forse alla *Ben&Jerry* non sanno contare bene, perché in realtà il gusto *Neapolitan Dynamite* contiene solo due gusti! A quanto pare, sarebbe stato troppo difficile inserire tre gusti diversi in una vaschetta dalla forma cilindrica: ecco perché i produttori hanno deciso di creare una versione del tutto originale e personale dello spumone napoletano.

38
Come si dirà, sprinkles o jimmies?

In una gelateria americana potreste sentire qualcuno chiedere *sprinkles*, e qualcun altro invece chiedere *jimmies*. In entrambi i casi, si tratta di quelle decorazioni di granelli al cioccolato da spargere sul gelato per un piccolo piacere in più mentre lo si gusta.

Il nome dei granelli di cioccolato sembra cambiare in base alla zona degli Stati Uniti. In molte città della East Coast, tra cui Philadelphia e Boston, queste granelle di cioccolato si chiamano *jimmies*. Ma non vale per tutta la East Coast, dato che a New York usano il termine *sprinkles*, mentre in Stati più interni come il Michigan e il Wisconsin qualcuno usa ancora la parola *jimmies*.

Il termine *sprinkles* indica un'ampia gamma di granelle dolci che vengono cosparse sul gelato e altri dolci. Dalle codette al cioccolato alle codette arcobaleno, ai cristalli di zucchero multicolore, le granelle esistono in diverse dimensioni, forme e colori. Questa categoria comprende anche quelle palline argentate o bianche di zucchero, chiamate "nonpareils".

Si ritiene che il termine *jimmies* sia nato negli anni '30 a Bethlehem, in Pennsylvania, presso lo stabilimento dell'industria dolciaria Just Born. Sebbene oggi sia nota principalmente per i *marshmallow* "Peeps", all'epoca la Just Born produceva anche una granella di cioccolato. Secondo quanto si racconta, l'addetto ai macchinari che producevano i granelli di cioccolato si chiamava Jimmy e il prodotto avrebbe preso a essere chiamato come lui.

Anche in Olanda esiste una simile granella di cioccolato, detta *hagelslag*, che viene cosparsa sul pane imburrato a colazione o a pranzo. No, in questo caso il nome non viene da chi l'ha inventato. In olandese, *hagel* significa in primo luogo "grandine" e *hagelslag* indica il cioccolato a pallini. Una grandine di cioccolato. Proprio quello che succede quando spargete la granella di cioccolato sul gelato o sulla torta!

I granelli di cioccolato sono fatti in gran parte di zucchero e amido di mais, con un po' di grasso che ne ammorbidisce la struttura e del cacao in polvere che conferisce il gusto e il colore: hanno un leggero gusto al cioccolato, ma di per sé stessi non sono molto saporiti. Le codette arcobaleno, per esempio, non hanno alcun tipo di sapore.

I granelli di cioccolato olandesi *hagelslag*, invece, sono fatti di cioccolato vero in pasta a cui viene aggiunto zucchero in polvere. Il loro sapore è davvero buono, a differenza di quello delle codette di cioccolato, che hanno bisogno di essere messe sul gelato o su un dolce per essere commestibili. Conoscete per caso qualcuno che mangi le granelle da gelato da sole?

Altri dolciumi americani prodotti con zucchero e amido di mais sono le gomme a forma di sigaretta e i "bottoni" venduti appiccicati a striscioline di carta. Li avete presente? Anche se sono molto più duri delle granelle da gelato (hanno un minore contenuto d'acqua e non hanno i grassi ad ammorbidire la struttura), sono fatti più o meno nello stesso modo.

Per fare le granelle al cioccolato, lo zucchero, l'amido di mais, i grassi e il cacao vengono uniti in un composto con la consistenza del Pongo. La pasta viene poi estrusa in un macchinario (che assomiglia a una macchina per la pasta fresca) per produrre delle strisce. Dal fondo dell'estrusore escono centinaia di fettucce di composto al cioccolato.

Le striscioline vengono raccolte in un piano vibrante e spezzate in piccole parti per mezzo dello scuotimento. I granelli troppo corti o troppo lunghi vengono riportati alla fase di impasto e fanno un altro giro nell'estrusore. I granelli della forma e dimensioni giuste passano alla fase di finitura.

Per renderli più appetibili, i granelli vengono resi lucenti applicando uno strato di agenti come glassa e cera: in particolare, in questo caso "glassa" è il termine che i produttori di dolciumi usano per indicare un tipo commestibile di gommalacca. L'effetto lucido che la gommalacca conferisce alla granella è proprio lo stesso che si ottiene quando la si applica a un bel tavolo in legno. La glassa e la cera danno un aspetto lucido davvero a tutto, dalle praline al cioccolato alle caramelle gommose.

Che le si chiami *sprinkles, jimmies* o "codette", ci stanno sempre bene sul gelato, come sui dolcetti e sui biscotti. Ma perché non spingersi oltre? Perché non provare del pane tostato spalmato con burro di arachidi e granella di cioccolato? O del formaggio spalmabile e codette arcobaleno su una ciambella? Vi è mai capitato di fare esperimenti interessanti con le granelle?

39
L'uvetta e il sole della California

Qualche anno fa la pubblicità dell'uvetta *California Raisins*® ha lanciato negli Stati Uniti dei personaggi di grande successo, cartoni animati raffiguranti chicchi di uva passa umanizzati e vestiti da band di cantanti di colore anni '50. Anche se alla fine sono diventati un'enorme operazione di marketing, con pupazzetti in vendita nei negozi e un programma televisivo tutto loro, il messaggio era semplice: l'uvetta fa bene alla salute.

L'uvetta, detta anche uva passa, è uno snack salutare che si può trovare in due varianti: l'usuale uvetta marrone o l'uvetta dorata, leggermente più dolce. Dove sta la differenza? Chissà, l'uvetta marrone proviene forse da uva marrone (o rossa), così come il latte al cioccolato proviene da mucche di color marrone?

Ovviamente, vi sbagliereste in entrambi i casi. Date un'occhiata alle confezioni di uvetta marrone e uvetta dorata: probabilmente vi sorprenderà apprendere che entrambe sono prodotte a partire da chicchi d'uva verdi e senza semi.

La differenza tra l'uvetta marrone e quella dorata sta in due cose: come vengono prodotte e cosa vi viene aggiunto. Sull'elenco degli ingredienti dell'uvetta marrone ce n'è solo uno: uva sultanina. Nell'uvetta dorata, invece, c'è un secondo ingrediente: l'anidride solforosa, che serve a conservare l'uvetta e a modificarne il colore.

Per produrre l'uvetta marrone tradizionale, l'uva verde viene raccolta dalla vite e lasciata essiccare al sole tra i filari. La fase dell'essiccamento può durare fino a due settimane, a seconda delle condizioni di esposizione solare e di temperatura. Il sud della California presenta proprio il clima giusto per l'essiccamento dell'uva. Ecco perché i pupazzetti della *California Raisins*® indossano sempre occhiali da sole. Se un vigneto del Wisconsin si mettesse a essiccare l'uva per fare l'uvetta, cosa dovrebbero indossare i personaggi della *Wisconsin Raisins*? Forse un cappellino per proteggersi dalla pioggia e dalla neve?

La fase dell'essiccamento vede diverse reazioni chimiche che portano alla coloritura marrone. Vi è un'importante reazione nel cambiamento del colore dell'uvetta, la cosiddetta reazione di Maillard, dal nome del chimico francese che per primo la studiò. Si tratta dell'interazione di determinati zuccheri e proteine che con la cottura attraversano diverse fasi, creando particolari sapori e pigmenti bruni. È la stessa reazione che conferisce il colore bruno al pane o al toast durante la cottura.

Una seconda reazione che porta al colorito bruno dell'uvetta avviene attraverso l'enzima polifenolo ossidasi (PPO) contenuto all'interno delle cellule. Come forse ricorderete, si tratta dello stesso enzima che fa scurire le fette di mela e di patata e il guacamole (vedi Capitolo 13). Se esposta all'ossigeno, come succede quando i chicchi d'uva vengono essiccati e le cellule si spezzano, la PPO reagisce formando composti di colore marrone. L'unione dell'imbrunimento di Maillard con l'imbrunimento enzimatico è ciò che dà origine al colore dell'uvetta.

La California meridionale è il luogo ideale per l'imbrunimento dell'uvetta con l'esposizione al sole: temperature elevate e un tasso non troppo alto di umidità. Giusto quello che ci vuole per l'abbronzatura dell'uvetta *California Raisins*®. Dove non è possibile realizzare l'essiccamento al sole, i chicchi d'uva possono essere essiccati anche in un essiccatore ad aria forzata. Un flusso d'aria calda e secca attraversa i chicchi, portandosi via l'umidità: in questo modo ci vogliono soltanto alcune ore per essiccare l'uva che, però, non acquisisce un colore marrone scuro. Piuttosto, si tratta di un pallore simile a quello che avrebbe l'uvetta del Wisconsin in inverno. Le condizioni, infatti, non sono le migliori per lo sviluppo di un colorito marrone scuro.

Va detto, però, che queste sono le condizioni giuste per l'uvetta dorata: i chicchi d'uva, in questo caso, vengono essiccati in maniera da non promuovere l'imbrunimento, così conservano un colore molto simile a quello originale. L'uvetta dal colore chiaro viene prodotta con un'essicazione rapida per inibire le reazioni dell'imbrunimento. L'addizione di anidride solforosa, inoltre, aiuta a prevenire la formazione del colore marrone inibendo alcune fasi nelle reazioni di imbrunimento.

L'uvetta *California Raisins*® presenta un colore marrone scuro grazie all'essiccamento al sole. L'uvetta del Wisconsin, invece, sarebbe una varietà molto più pallida, dal momento che dovrebbe essere essiccata in ambienti chiusi per evitare il freddo, la pioggia e la neve.

40
Crudi o cotti, i pomodori mangiateli sempre

Cosa sono i pomodori, ortaggi o frutti? Li mangiamo nell'insalata e nel panino all'hamburger assieme ad altri ortaggi come le cipolle e la lattuga, ma sono davvero delle verdure? Indipendentemente da cosa siano, i nutrizionisti consigliano di mangiare pomodori in grandi quantità, in particolare perché contengono licopene, un pigmento vegetale della famiglia dei carotenoidi. Una volta ingerito ed entrato in circolo nel corpo, il licopene funziona da antiossidante, spazzando via i radicali liberi che possono causare reazioni nocive e danneggiare le cellule. La capacità di combattere i radicali liberi è probabilmente la proprietà che consente al licopene di prevenire le malattie cardiovascolari e certi tipi di tumore.

I nutrizionisti consigliano di mangiare le verdure e la frutta crude, o senza cucinarle troppo. I pomodori, invece, sono diversi: il licopene si trova nei pomodori in forma cristallina, una forma naturale che però non viene facilmente assimilata dall'intestino.

Affinché il licopene possa essere assorbito facilmente dal corpo, i pomodori vanno spezzettati e riscaldati. Ed è esattamente quello che avviene nella produzione del concentrato o della passata di pomodoro e dei loro derivati, come le salse per la pasta o per la pizza. Il processo di trasformazione, distruggendo la struttura cellulare del pomodoro, spezza i legami tra il licopene e gli altri elementi costitutivi del pomodoro, favorendo in seguito l'assorbimento del licopene all'interno del corpo.

Anche il ketchup contiene una quantità di licopene biodisponibile notevolmente maggiore degli stessi pomodori crudi da cui è derivato. Una curiosità: negli Stati Uniti, il ketchup è chiamato anche *catsup*. Si possono usare entrambi i termini, anche se "ketchup" è da tempo diventato il più comune. La Heinz vende ketchup di pomodoro dal 1876; sul prodotto commercializzato della Hunt, invece, c'è scritto ancora "catsup". Comunque lo si scriva, negli USA il ketchup è un tipico condimento utilizzato su cibi che vanno dalle uova agli *hash browns* (frittelle di patate grattugiate), dagli hamburger alle patatine fritte. Sia la Heinz che la Hunt promuovono il loro prodotto come ottima fonte di licopene. Se vi interessa, potrete ammirare la bottiglia di ketchup più grande al mondo a Collinsville, in Illinois, dove fu costruita nel 1949 presso lo stabilimento di imbottigliamento del ketchup della Brooks.

Quando mangiamo il ketchup, o qualsiasi altro derivato del pomodoro, il licopene, essendo una sostanza lipofila (cioè che preferisce legarsi ai grassi piuttosto che all'acqua), si lega ad altri composti di tipo lipidico prima di venire assorbita.

Questa propensione del licopene a legarsi ai grassi è il motivo per cui alcuni consigliano di consumare i prodotti a base di pomodoro con dei grassi. No, mettere il ketchup sull'hamburger e sulle patatine fritte non è il metodo giusto, dato che otterremmo un cibo sbilanciato, ricco di grassi e con poco licopene. I nutrizionisti suggeriscono di mangiare prodotti derivati dal pomodoro assieme a piccole quantità (circa due cucchiaini) di grasso per favorire l'assorbimento del licopene: una salsa di pomodoro per condire la pasta con un po' di olio d'oliva ne è un buon esempio.

Il licopene passa attraverso le pareti dell'apparato digerente e viene assorbito nello stomaco e nell'intestino, dove alla fine viene distribuito ai tessuti. Una volta arrivato al fegato, il licopene viene incorporato nelle lipoproteine del plasma, per lo più nelle lipoproteine a bassa densità (LDL). Il licopene si accumula in particolare in alcuni organi, come la prostata. È probabilmente questo il motivo per cui il consumo di grandi quantità di prodotti derivati dalla trasformazione del pomodoro si associa alla diminuzione del rischio di cancro alla prostata.

Se la cottura dei pomodori consente di rilasciare licopene, aumentandone la biodisponibilità, d'altra parte, altre vitamine (come la vitamina C) ne escono distrutte. Ecco perché la soluzione migliore è quella di seguire una dieta bilanciata che preveda sia pomodori freschi che grandi quantità di prodotti a base di pomodoro. Per esempio, un piatto di spaghetti conditi con salsa di pomodoro accompagnato da insalata preparata con pomodori freschi è un pasto salutare e delizioso.

E, dal punto di vista tecnico, i pomodori sono ovviamente dei frutti in quanto contengono semi. E lo stesso vale per peperoni e cetrioli, anche se generalmente li consideriamo ortaggi. Ma è davvero così importante? Mangiate ogni giorno pomodori (ortaggi o frutti che siano), sia cotti che crudi, e la vostra salute ne trarrà sicuramente beneficio.

41
Le strisce di frutta essiccata: una ricetta americana

Estate è sinonimo di frutta fresca, dolce, succosa e deliziosa. Ma quando c'è più frutta a disposizione di quella che è possibile mangiare, come la si può conservare per l'inverno? Un sistema di conservazione praticato da secoli con la frutta in eccesso è l'essiccamento. Bacche, mele a fette, ananas e albicocche disidratate costituiscono uno spuntino salutare che può essere consumato durante tutto l'anno. Persino le prugne secche svolgono una funzione importante.

In America si vendono delle sottili strisce di frutta essiccata, a volte chiamate rotoli di frutta proprio perché la loro consistenza permette di arrotolarle.

Per produrre queste pellicole, bisogna prima fare una purea di frutta per ottenere una consistenza omogenea e fluida. È possibile aggiungervi zucchero, in base al gusto personale e alla dolcezza della frutta. A volte si unisce anche un po' di succo di limone o di lime per aumentarne leggermente l'acidità. Un po' di acqua può diluire la purea e renderla più facile da versare, ma se se ne aggiunge troppa, l'essiccamento richiederà più tempo.

Anche la purea di mela, che può essere in pezzettoni oppure molto amalgamata (quando la mela viene tritata finemente), se viene fatta essiccare, è una buona materia prima per la pellicola di frutta.

Sebbene nei negozi di alimentari americani si possano trovare pellicole di frutta essiccata fatte con metodi naturali, negli snack commerciali alla frutta c'è molto di più che non solo frutta e zucchero. Scorrendo l'elenco degli ingredienti, si vedrà che un comune tipo di rotolino di frutta contiene concentrato di pera, sciroppo di mais e zucchero, grassi idrogenati ed emulsionanti, acidi organici, pectina, aromi e coloranti. Indipendentemente dal gusto di frutta del prodotto, il concentrato di pera viene utilizzato per il suo basso costo. E in alcuni casi vi è più zucchero che frutta!

Le striscioline di frutta secca sono vecchie di secoli: si pensa che siano state prodotte la prima volta in Medio Oriente. I rotolini di frutta in commercio, invece, sono un fenomeno moderno, ideato nei laboratori di ricerca della General Mills. Gli scienziati e gli ingegneri dell'alimentazione hanno sviluppato dei metodi altamente automatizzati per la produzione di tonnellate di rotolini di frutta per soddisfare le esigenze dei bambini, il gruppo più ampio del target di consumatori. L'idea del rotolo, fatto con pellicola di frutta a forma di rombo invece che quadrata, sembra essere ispirata ai cilindri di cartone che si trovano nei rotoli di carta igienica.

Fare in casa la pellicola di frutta è davvero facile. La purea di frutta viene versata su una teglia da biscotti e quindi scaldata nel forno a bassa temperatura, oppure su un ripiano da essiccatura lasciato all'aperto nelle giornate di sole. Ricordo un'estate in cui misi una teglia ricoperta di purea di albicocche sulla cappelliera del bagagliaio dell'automobile parcheggiata sotto il sole cocente del Colorado con i finestrini leggermente abbassati e ottenni un'ottima pellicola di frutta essiccata.

La purea di frutta è liquida e la potete "bucare" quando la toccate con un dito. Ma quando la frutta si essicca, diventa sempre più dura e alla fine diventa appiccicosa, un fenomeno comune con i cibi a base di zucchero, che si verifica quando la massa di frutta raggiunge un livello critico di viscosità. È la stessa cosa che succede quando una caramella dura assorbe l'umidità dell'aria e forma uno strato colloso sulla superficie, che rende difficile staccare la cartina che l'avvolge.

Quando l'acqua evapora ulteriormente, la purea di frutta raggiunge uno stato solido: quello che otterrete è uno strato pieghevole, ma non più appiccicoso, di frutta secca. A questo punto la vostra striscia di frutta è pronta per essere arrotolata in un cellophane per usi successivi.

Se la massa di frutta viene ulteriormente essiccata anche in seguito alla fase in cui si rapprende, alla fine diventerà solida. Con un contenuto di liquidi molto basso, la viscosità è abbastanza elevata da far raggiungere al composto uno stato "vitreo" simile a quello del vetro delle finestre (silice) e delle caramelle dure (zucchero). La pellicola di frutta di questa consistenza, però, non è consigliabile perché troppo fragile per essere arrotolata. La giusta condizione fisica della frutta, tra lo stato appiccicoso e quello vitreo, è indispensabile per fare una buona pellicola di frutta. Nel caso in cui la vostra frutta essiccata fatta in casa risulti troppo fragile per essere arrotolata, fate finta di averlo fatto apposta e usate i frammenti di frutta solida per spargerli sul gelato, sullo yogurt o anche per mangiarli assieme ai cereali da colazione.

42
Conservare le mele fino alla prossima primavera

Secondo la US Apple Association il detto in inglese antico "Ate an apfel avore gwain to bed, Makes the doctor beg his bread"[1] è diventato "Una mela al giorno toglie il medico di torno"[2]. Però nessuno si mette a mangiare mele se non hanno un bell'aspetto o un buon sapore.

Non c'è niente di meglio che sgranocchiare una bella mela fresca. Ma verso la fine della primavera e in estate, di mele fresche non se ne vede nemmeno l'ombra: non restano che mele marce e mollicce. Cosa fare per mantenere le mele corpose anche mesi dopo il raccolto?

Le mele, come tutta la frutta e la verdura fresca, vanno a male con il passare del tempo: dopo il raccolto avvengono naturali reazioni di respirazione. Quando invece raccogliamo i pomodori e le banane ancora verdi sfruttiamo di fatto la maturazione a nostro vantaggio: all'arrivo sugli scaffali dei nostri negozi, i pomodori e le banane raggiungeranno infatti un bel colore maturo.

Alla fine, però, le tipiche reazioni della maturazione, che fanno parte del processo respiratorio, fanno andare a male la frutta e la verdura: i pomodori si imbruniscono e perdono liquidi, le banane si rammolliscono e diventano nere, le mele perdono consistenza e diventano frutti farinosi che si squagliano in bocca.

Comprendendo il funzionamento della respirazione, tuttavia, possiamo preservare le caratteristiche naturali di alcuni prodotti ortofrutticoli regolando nella maniera più funzionale le condizioni di immagazzinamento. Le mele costituiscono un esempio eccellente di conservazione: semplicemente controllando l'atmosfe-

---

[1] "Mangiare una mela prima di andare a letto costringe il medico a elemosinare per il pane" (n.d.T.).
[2] Nell'originale inglese "An apple a day keeps the doctor away" (n.d.T.).

ra del luogo in cui sono stoccate, la consistenza delle mele appena raccolte può essere preservata per mesi.

Con il cosiddetto immagazzinamento in atmosfera modificata o controllata, le condizioni dell'ambiente in cui vengono conservate le mele sono regolate in modo da rallentarne la respirazione. Il primo studio conosciuto sugli effetti delle condizioni atmosferiche sulla frutta risale al 1821, quando uno scienziato francese dimostrò che la frutta conservata in atmosfera priva di ossigeno non matura tanto rapidamente quanto la frutta esposta all'aria. Tuttavia, ci sono voluti oltre cento anni affinché questa idea ricevesse un'applicazione commerciale. Secondo alcune stime, la metà delle mele prodotte oggigiorno viene conservata in condizioni controllate allo scopo di allungare la vita del prodotto.

Anche se i normali processi respiratori nella frutta e nella verdura sono piuttosto complessi e non completamente noti, quello che si sa è che l'ossigeno è indispensabile come reagente. Con la respirazione naturale vi è la demolizione ossidativa dei componenti organici, come la pectina contenuta nelle pareti cellulari, in molecole più semplici. Durante questo processo, viene consumato ossigeno e si generano diossido di carbonio e vapore acqueo, facendo diventare mollicce le mele durante il periodo di immagazzinamento. Come qualsiasi chimico vi potrà confermare, se rimuovete un reagente come l'ossigeno, oppure se aggiungete un prodotto come il diossido di carbonio o il vapore acqueo, riuscirete a rallentare, fermare o invertire una reazione chimica.

Questo è il principio alla base dell'immagazzinamento delle mele in atmosfera controllata: riducendo il contenuto di ossigeno e aumentando il diossido di carbonio e il vapore acqueo (umidità relativa), le reazioni del processo di maturazione rallentano. In un'atmosfera di questo tipo, i processi biochimici della maturazione, che rendono molle la consistenza delle mele, procedono più lentamente. Conservando le mele in atmosfera modificata, e mantenendole a temperatura da frigorifero, la vita delle mele fresche può essere prolungata fino a dieci mesi.

Se rimuovere parte dell'ossigeno è positivo per la frutta, perché non eliminarlo completamente dall'ambiente circostante? Purtroppo, se l'ossigeno viene rimosso completamente, si innesca la fermentazione microbica anaerobica. I microrganismi anaerobi, quelli che si sviluppano in totale assenza di ossigeno, fanno perdere gusto alle mele e successivamente finiscono per generare un gusto alcolico e decolorare la buccia. Si tratta di un metodo che andrà bene per produrre acquavite di mele, ma non è quello che volevate ottenere con una mela appena raccolta.

In alcune applicazioni dell'atmosfera controllata, il diossido di carbonio sostituisce l'ossigeno, almeno parzialmente. Tuttavia, le mele non tollerano molto bene livelli di diossido di carbonio al di sopra del 5%. Un livello più alto generalmente provoca l'ispessimento e la comparsa di macchie sulla buccia e imbrunimento interno, a seconda del tipo di mela. Ecco perché viene generalmente usato l'azoto in sostituzione dell'ossigeno.

Le mele che devono essere conservate per diversi mesi vengono riposte in speciali magazzini refrigerati. L'atmosfera, ad alto tasso di umidità, contiene circa il 2-3% di ossigeno, il 2-5% di diossido di carbonio, mentre la parte restante è costituita da azoto. Le stanze vengono chiuse ermeticamente in seguito all'alterazione dell'atmosfera interna e non vengono più riaperte fino a quando è tempo di vendere le mele.

Come mangiate le mele? Le attaccate anche voi dall'equatore, come la maggioranza delle persone, oppure partite dall'alto e vi fate strada fino al fondo? Forse vi piace tagliarle a fette, sbucciate o meno. In qualsiasi modo le mangiate, oggi è possibile gustare una mela fresca al giorno anche nei mesi estivi.

43
La *fruitcake*,
un dolce dileggiato

C'è una vecchia barzelletta sulla *fruitcake*, la tipica torta natalizia del mondo anglosassone con pezzi di frutta secca e candita:

> Prendete tutti gli ingredienti necessari per la ricetta, compreso il brandy, quindi scolatevi il brandy e gettate tutto il resto fuori dalla finestra.

Ma ce n'è anche un altra:

> Una volta ho riciclato una *fruitcake* ricevuta in regalo e, anni dopo, mi sono visto recapitare in regalo la stessa *fruitcake*.

E ancora:

> A casa di un mio amico c'era una *fruitcake* che conservavano come cimelio di famiglia dal 1892.

La *fruitcake* dev'essere il cibo più dileggiato al mondo, un dolce tipico che tutti amano ridicolizzare.

La gente la deride sempre, eppure viste le tonnellate di *fruitcake* vendute ogni anno, qualcuno dovrà pur mangiarla. Ma com'è nata la percezione negativa di questa torta?

Probabilmente il problema deriva dalla data di scadenza della *fruitcake* che si vende nei negozi. Uno degli obiettivi di chi lavora nell'industria alimentare è quello di conservare i cibi inalterati per lunghi periodi di tempo per andare incontro alle esigenze della distribuzione e dello stoccaggio, ma una scadenza dopo addirittura due anni (o "per sempre" come dicono alcune persone per scherzare) è davvero un tempo molto lungo e forse può essere l'origine di questa immagine negativa. Anche le merendine americane *Twinkie*, un'altro cibo oggetto di scherno, hanno una data di scadenza molto prolungata e le ciliegie candite, spesso disprezzate, hanno una scadenza di tre anni!

La *fruitcake* ha una lunga storia che viene fatta risalire ai tempi dell'Impero Romano o al Medioevo, a seconda di quale fonte si ritenga più attendibile. L'idea di mettere la frutta essiccata nel pane o in una torta non è niente di nuovo, ma la *fruitcake* moderno è nata con lo sviluppo di metodi avanzati di conservazione.

La preparazione della *fruitcake* parte dalla frutta. Senza nessun tipo di intervento, dopo alcune settimane dal raccolto, la frutta va a male. Le reazioni respiratorie naturali demoliscono la struttura interna della frutta, conducendo a rammollimento, imbrunimento e alla fine allo sviluppo della muffa. La frutta marcisce se non viene fatto nulla per preservarla.

Ci sono molti modi per conservare la frutta: l'essiccamento, la marmellata o la gelatina, la congelazione, l'inscatolamento. Ma la frutta può anche essere candita. In Francia dicono *glacé*, che significa ricoperto con glassa o gelatina. Per glassare (o candire) un frutto, si infonde l'interno con zucchero e poi lo si ricopre con sciroppo di zucchero. Con così tanto zucchero, non c'è pericolo di deperimento. Il frutto non marcisce, non crescono le muffe e il sapore è molto dolce: le caratteristiche perfette per una torta o per il pane addolcito.

Le ciliegie candite hanno una scadenza molto lunga. Se fate le ciliegie candite a casa e le mettete in frigo, possono durare fino a sei mesi. Ma se usate anche dei conservanti, possono durare per anni.

Allo stesso modo, la *fruitcake* ha una scadenza che varia da alcuni mesi ad alcuni anni, a seconda di quanti conservanti vengano aggiunti. La *fruitcake* fatta in casa senza conservanti va consumata entro alcuni mesi, mentre molte *fruitcake* che si vendono nei supermercati possono durare per anni. Ecco dove nasce il problema: secondo la percezione comune, se un cibo dura molto tempo, non può essere buono.

Quand'è che una scadenza di due anni è una cosa positiva? Se i cibi sono trasportati per lunghe distanze o conservati per lunghi periodi, una scadenza prolungata nel tempo consente ai produttori di cibo di garantire un prodotto poco costoso e di qualità adeguata che non va a male sugli scaffali. Tuttavia, se invece desiderate un prodotto davvero fresco e della migliore qualità, allora preparate la *fruitcake* in casa e consumatelo entro qualche settimana.

E se vi capita di trovare in fondo al frigo una *fruitcake* dimenticata da qualche anno, non sarete obbligati a mangiarla: la potrete sempre usare come fermaporta o come ormeggio per la vostra barca.

44
Qual è la migliore, la torta della mamma o quella in scatola?

Giugno è il tipico mese dei matrimoni: secondo la credenza, se ti sposi a giugno, la vita sarà una lunga luna di miele. E se proprio non sopportate i matrimoni, se non altro alla fine vi potrete sempre consolare con la torta.

Le scenografiche torte nuziali sono un'altra cosa rispetto alle confezioni di preparato che trovate al supermercato, ma la qualità c'entra davvero qualcosa? È possibile rimpiazzare la torta della mamma fatta in casa con un preparato della Cameo? Siamo andati alla ricerca della risposta a questa domanda.

Ma prima un po' di storia. L'etimologia della parola "torta" è incerta, ma pare che derivi dal latino *tracta*, participio passato di *trahere*, trarre. La parola inglese *cake* deriva, invece, dall'antico norvegese e le prime torte apparse nell'Europa medievale erano più simili a del pane addolcito con il miele. Nella maggior parte dei casi le torte contenevano noci e frutta secca, e potevano durare per mesi. Sono state trovate torte persino nelle antiche tombe egizie.

Le torte moderne sono comparse verso la metà del Seicento con l'avvento di forni più controllabili, dello zucchero raffinato, delle tortiere a cerchio, ma soprattutto delle prime glassature. Anche le torte dell'epoca contenevano generalmente frutta a pezzi. Per la farina raffinata fu necessario attendere fino alla metà dell'Ottocento, più o meno lo stesso periodo in cui fu inventata la glassatura con la panna.

I preparati per torte furono commercializzati per la prima volta negli anni '40 del secolo scorso, molto più tardi rispetto ad altri preparati introdotti già durante la Rivoluzione Industriale. La reazione iniziale dei consumatori nei confronti di questi nuovi preparati in scatola fu negativa: le tradizioni si scontravano con la praticità moderna. Nella percezione comune, era ancora la mamma che doveva fare le torte in casa; i preparati, invece, eliminavano tutte le fasi della preparazione. Ma grazie a convincenti operazioni di marketing, alla fine i preparati prevalsero, anche se il prodotto finale non era ancora all'altezza della tradizione. Ai giorni nostri le "torte pronte" sono senz'altro di qualità migliore, ma si possono paragonare alle torte fatte in casa?

I preparati per torta hanno senz'altro il vantaggio del prezzo. Le grandi aziende comprano tutti gli ingredienti in grandi quantitativi, a prezzi molti più bassi rispetto a quelli degli stessi prodotti venduti al dettaglio. Per fare in casa una torta al cioccolato, avrete bisogno di zucchero, farina, cacao, bicarbonato di sodio, uova, latte, olio e vaniglia. Dato che generalmente dovrete comprare gli ingredienti in quantità maggiori rispetto a quelle necessarie per la ricetta, finirete con lo spendere circa dieci euro solo per gli ingredienti necessari. Certo, alcuni degli ingredienti possono essere già presenti in dispensa, ma prima o poi dovrete ricomprarli.

Con una spesa di circa tre euro, comprare il preparato per torte è un grande affare, anche se dobbiamo aggiungervi un paio di uova e dell'olio. Oltretutto, il preparato pronto può garantirvi un notevole risparmio di tempo. Ma come si fa a misurare la differenza nella qualità?

Avendo una predisposizione per il metodo scientifico, abbiamo ideato un esperimento. Con l'aiuto di una vera mamma (perché non è una vera torta fatta in casa se non l'ha fatta la mamma), abbiamo messo in forno due torte simili: una fatta in casa con una ricetta presa dal retro di una confezione di cacao, e una fatta con il preparato pronto. Poi, in un test cieco, abbiamo sottoposto le torte a un gruppo di "esperti" presso un liceo, interpellati durante l'ora di filosofia. Gli studenti dovevano stabilire quale aveva un sapore migliore e quale ritenevano che fosse la torta fatta in casa.

Su 22 studenti, solo tre hanno indicato la torta pronta come quella fatta in casa. Forse non sarà sorprendente, ma quasi tutti sono riusciti a stabilire la differenza fra le due torte. Ma per quanto riguarda il gusto?

Nonostante gli sforzi della mamma, la classe era divisa a metà su quale torta avesse il sapore migliore. Undici preferivano la torta fatta in casa e gli altri undici preferivano la torta pronta. Anche secondo la mamma la torta pronta era piuttosto buona, anche se va detto che tende a essere ipercritica nei confronti del proprio lavoro.

Qual è la migliore, la torta fatta in casa o la torta pronta? Il dibattito continua. Le mamme sosterranno sempre che le torte fatte in casa hanno un sapore migliore, nonostante sia dimostrato che la maggioranza di noi non è in grado di distinguerne la differenza. La torta nuziale del pasticcere, tuttavia, non ammette sostituti. Quello del matrimonio è un giorno speciale, e tutto deve riuscire al meglio, specialmente la torta.

45
I *cookies*: burro, margarina o "strutto vegetale"?

Voi cosa usate per i *cookies*, i tipici biscotti di pastafrolla che si preparano nel periodo natalizio: burro, margarina o quelle miscele di oli e grassi vegetali (in genere idrogenati) che in America si chiamano *shortening* e in Italia "strutto vegetale"? Oppure, come me, usate metà di uno e metà di un altro?

Chi è esperto nell'arte di fare i *cookies* saprà che il risultato sarà diverso a seconda che siano fatti con uno dei tre ingredienti. Se fatti con il burro, spesso si allargano troppo, anche se il gusto è delizioso. Se invece li fate con lo strutto vegetale, probabilmente rimarranno più compatti, ma sapranno molto meno di burro. Ecco perché io uso una combinazione di entrambi, un equilibrato compromesso tra sapore e spessore.

Le differenze tra i *cookies* fatti con burro, margarina o strutto vegetale si devono a molti fattori, tra cui la quantità di acqua che contengono, il tipo di grasso usato e quanto grasso cristallizza, o solidifica, a diverse temperature.

A parità di condizioni, se aggiungete acqua otterrete dei *cookies* più sottili. Il burro e la margarina in panetti contengono circa il 18% d'acqua ed ecco perché entrambi fanno allargare i biscotti. Gli altri tipi di burro o margarina a basso contenuto di grassi contengono ancora più acqua: se li usate, i biscotti tenderanno ad allargarsi su tutta la padella. Lo strutto vegetale, invece, non contiene acqua e pertanto i biscotti rimangono belli compatti.

Anche l'origine del grasso utilizzato è importante. Il burro si ottiene agitando la panna (vedi Capitolo 14) e di conseguenza contiene soltanto il grasso del latte munto. La margarina e lo strutto vegetale sono prodotti a partire da oli vegetali (semi di cotone, soia, ecc.) che vengono in qualche modo trasformati per ottenere le proprietà fisiche desiderate per la cottura in forno e altri usi. Il grasso del latte è un grasso piuttosto duro. Sebbene nel burro freddo soltanto metà circa del grasso sia cristallino, è sufficiente a creare problemi quando lo volete spalmare sul pane senza lasciarlo scaldare un po' (facendo sciogliere parte del grasso cristallizzato).

La margarina, invece, è stata prodotta in maniera da contenere soltanto circa 15-20% di grasso cristallizzato (il resto è liquido), per poter essere spalmata facilmente sul pane senza doverla portare a temperature più alte.

Lo strutto vegetale è prodotto a partire da grassi simili a quelli della margarina. *Crisco*, una marca di strutto vegetale molto diffusa negli Stati Uniti, è stata commercializzata per la prima volta dalla Procter&Gamble nel 1911 per sostituire il grasso di maiale. Avendo optato inizialmente per *Krispo*, la Procter&Gamble decise alla fine di adottare un nome che era una specie di acronimo degli ingredienti, *crystallized cottonseed oil* (olio di semi di cotone cristallizzato), CRISCO.

All'epoca era appena stato inventato un procedimento per solidificare gli oli liquidi detto "idrogenazione". Aggiungendo atomi di idrogeno agli acidi grassi insaturi, l'idrogenazione produce grassi solidi a partire da oli liquidi, come avviene per il simil-strutto *Crisco*, prodotto da olio di semi di cotone.

La differenza nel contenuto d'acqua e nel carattere cristallino del grasso spiega in gran parte la differenza tra i *cookies* fatti con burro, margarina o strutto vegetale. Ma un altro fattore importante è la temperatura a cui il grasso si scioglie completamente.

I grassi vegetali idrogenati contenuti nella margarina e nello strutto vegetale si sciolgono completamente a una temperatura leggermente superiore del grasso del latte. Pertanto, i *cookies* fatti con il burro, che ha un punto di fusione leggermente più basso, si allargano di più alle temperature di cottura.

Oltretutto, vanno tenuti in considerazione anche i rischi per la salute. Ampio è il dibattito su quale grasso sia più salutare. La discussione di solito si concentra sul contenuto di grassi saturi: i nutrizionisti, però, hanno recentemente scoperto che alcuni tipi di grassi, i cosiddetti acidi grassi *trans*, hanno conseguenze peggiori sulla nostra salute di quante ne abbiano i grassi saturi (vedi Capitolo 16). Dal momento che gli acidi grassi *trans* sono di solito prodotti con una parziale idrogenazione, la margarina e lo strutto vegetale a base di oli vegetali parzialmente idrogenati sono saliti sul banco degli imputati. A causa del recente allarmismo sui grassi *trans*, si trovano ora in commercio molti tipi di margarina e strutto vegetale senza grassi *trans*, prodotti senza oli parzialmente idrogenati. E questi nuovi prodotti senza grassi *trans* si comportano diversamente dagli altri quando vengono utilizzati nei biscotti.

Ecco una buona scusa per condurre degli esperimenti scientifici in cucina: i biscotti preparati con questi nuovi prodotti sono in qualche modo diversi? Quali conseguenze vi sono sulla consistenza, sul colore e sul sapore?

46
Giocare
con i cracker-animaletti

Cosa sono esattamente gli *Animal Cracker*? Dei cracker salati o semplicemente dei biscotti? Se fossero cracker, non starebbero meglio affondati nella minestra? Ma conoscete forse qualcuno che li mangi nella minestra, a parte Shirley Temple (come raccontava lei stessa nella canzone *Animal Crackers in My Soup*)?

Ma qual è la differenza tra un cracker e un biscotto? Diamo un'occhiata a un paio di definizioni.

La definizione di cracker tratta da WordReference.com è

Galletta friabile preparata con farina e acqua con o senza lievitanti e "strutto vegetale" (*shortening*), non zuccherata o semidolce.

Un biscotto, invece, è definito come "dolcetto sottile di varia forma"[1]. Per inciso, nel Regno Unito si usa la parola "biscuit" per indicare sia i cracker che i biscotti.

È sufficiente a inquadrare di preciso gli *Animal Cracker*? Forse no, per cui passiamo a esaminare l'elenco degli ingredienti di alcuni comuni prodotti della Nabisco per vedere se riusciamo a distinguere i biscotti dai cracker.

I cracker Ritz contengono farina, olio di soia, sciroppo di mais, sale, bicarbonato di sodio e lecitina come emulsionante. I Nilla Wafer, che forse si mangiano più spesso come biscotti che come cracker, contengono farina, zucchero e sciroppo di mais, olio di soia e di cotone parzialmente idrogenato (strutto vegetale), uova, sale, bicarbonato di sodio ed emulsionanti. La differenza principale sta nel contenuto di zucchero: di solito i biscotti contengono più

---

[1] Traduzione dalla definizione inglese (n.d.T.).

zucchero delle gallette, ma non necessariamente. Gli *Animal Cracker* della Barnum sono preparati con farina, zucchero (e un po' di sciroppo di mais), olio vegetale idrogenato, sale, bicarbonato di sodio come agente lievitante chimico e lecitina. Dal punto di vista degli ingredienti, assomigliano più ai Nilla Wafer – e pertanto a dei biscotti – che ai Ritz.

In ogni caso, non esiste nessuna definizione sulla quantità di zucchero richiesta per varcare il confine tra cracker e biscotto. Nella pratica, il contenuto di zucchero nei biscotti confezionati e nei cracker semidolci ricade solitamente nell'intervallo tra il 20% e il 30%. Inoltre, i biscotti tendono ad avere anche un maggior contenuto di grassi rispetto ai cracker semidolci.

Un'altra differenza tra biscotti e cracker riguarda il più delle volte il metodo di preparazione. Generalmente i biscotti vengono ottenuti per stampaggio (l'impasto viene steso e quindi tagliato con un apposito macchinario) o per estrusione (un po' come si fa per fabbricare la pasta). I cracker vengono solitamente stesi in una sfoglia a strati multipli, poi si ricava la forma e si infornano.

La sovrapposizione dei diversi strati viene eseguita piegando ripetutamente avanti e indietro su sé stessa la sottilissima sfoglia dell'impasto. Quindi le viene data una forma, la si taglia e infine la si cuoce in forno. Per impedire che i liquidi liberati dall'elevata temperatura tra gli strati della sfoglia formino bolle sulla superficie dei cracker, prima della cottura l'impasto viene perforato.

Osservando attentamente i cracker noterete infatti che tutti presentano dei forellini, chiamati "buchi d'attracco", che prevengono la formazione di bolle. I produttori degli *Animal Crackers* hanno addirittura pensato di collocare un forellino proprio nel punto corrispondente all'occhio dell'animale, per renderne più simpatico l'aspetto.

Gli *Animal Cracker* non sono un'invenzione recente: nel 1902 la National Biscuit Company, in seguito divenuta Nabisco, cambiò il nome degli *Animal Biscuits* in *Barnum's Animal Crackers*, il prodotto che in America è tuttora in vendita in una scatola con il manico a cordicella, aggiunto in seguito per poterla usare come decorazione dell'albero di Natale.

Pare che dal 1902 a oggi questi cracker siano stati prodotti in ben 37 forme diverse di animali. L'ultimo a essere stato aggiunto alla serie è il koala, introdotto a grande richiesta nel mercato nel

2002. Finora non si sono ancora visti né pesci né ostriche, anche se probabilmente sarebbero le forme più adeguate da usare nella minestra.

Ma, allora, gli *Animal Cracker* sono biscotti o cracker? Oltre che di nome, sono cracker anche di fatto, ma si tratta di uno di quei prodotti che in qualche modo sconfinano nelle due categorie. Anche se sono cracker, per la maggior parte della gente sono troppo dolci per essere mangiati con la minestra.

Forse è per questo che nel Regno Unito chiamano "biscuits" sia gli uni che gli altri: così evitano di fare confusione.

47
La birra può essere "puzzolente"?

Da quanto tempo esiste la birra? Almeno da qualche millennio. L'invenzione della prima birra viene fatta risalire ai Sumeri, circa 6000 anni fa. Si dice che sia stata scoperta per caso, forse a partire dall'osservazione di un po' di pane o di grano che si era bagnato e aveva cominciato a fermentare.

Dopo tutti questi anni, si potrebbe pensare che sappiamo tutto quello che c'è da sapere sulla birra, eppure quando apriamo una bottiglia di birra capita ancora di essere investiti da un odore sgradevole. Millenni di produzione, studi e bevute di birra non ci hanno ancora insegnato come tenere le puzzole lontane dalle nostre bottiglie.

Certo, sappiamo da molto tempo che vi è una reazione chimica causata dalla luce ultravioletta che porta alla formazione di quel retrogusto sgradevole che i tecnici chiamano "gusto di luce", anche se i dettagli della reazione chimica sono stati scoperti soltanto in tempi recenti.

La sostanza chimica prodotta nella birra è proprio la stessa che conferisce il tipico odore alla puzzola? Non esattamente, ma è abbastanza simile. Lo stesso tipo di sostanze chimiche solforose, dette tioli, è presente in una birra dal sapore sgradevole come nel liquido spruzzato dalla puzzola. Ma come direbbero i Monty Python, "è una puzzola a strisce o una puzzola a pois"? Non sapevate che esistono diversi tipi di puzzole? E come se non bastasse, esistono diversi composti chimici responsabili del loro odore.

L'odore sgradevole della birra deriva dalla stessa fonte di sostanze chimiche, quale che sia la marca della birra, *Spotted Cow*, *Moose Drool*, o *Red Stripe*.

Una categoria di sostanze chimiche, i cosiddetti isoumuloni, che si trovano nel luppolo, viene convertita in tioli se esposta alla luce. La reazione, che vede coinvolti composti dalla vita breve e molto reattivi detti radicali liberi, è innescata dalla luce ultravioletta: tenere la birra lontana dalla luce dovrebbe servire a evitare quel tipico sapore sgradevole.

Qualche tempo fa uno strumento molto sensibile è stato impiegato in uno studio con l'obiettivo di individuare questi radicali dalla vita breve e di comprenderne la reazione. La tecnologia si è messa al passo dei bevitori di birra. Questo livello di comprensione può potenzialmente portare a nuovi sistemi in grado di prevenire il sapore amaro.

Naturalmente, i birrai (e i consumatori di birra) sanno cos'è una birra dal "gusto di luce" da centinaia di anni. Una soluzione al problema è quella di bere la birra immediatamente dopo l'imbottigliamento, in maniera da non far passare tempo sufficiente perché avvenga la reazione. Forse anni fa questo sistema poteva funzionare, ma oggi gran parte della birra viene prodotta in enormi birrifici dotati di un ampio sistema di distribuzione. Ora la birra deve durare molto tempo senza assumere quel sapore sgradevole. Ecco perché troviamo la birra in vendita in bottiglie dal colore scuro, che filtra la luce ultravioletta. Anche le lattine possono andare bene, ma hanno effetti diversi sul gusto della birra.

Le bottiglie usate per la birra sono generalmente fatte di vetro scuro, verde o marrone, proprio allo scopo di filtrare parte della luce ultravioletta, ma neanche questa soluzione è sufficiente a bloccare del tutto la reazione. Provate ad aprire una bottiglia verde di birra lasciata al sole per troppo tempo e vi dovrete allontanare: l'odore sarà quello di una puzzola morta. D'altronde, il vetro colorato non può fare di più.

Ma allora come fanno i produttori di birra a usare in certi casi le bottiglie trasparenti? Si possono usare due sistemi. Con il primo si modifica chimicamente la birra durante la produzione, allo scopo di rimuovere i componenti che reagiscono con la luce. Senza questi reagenti, la birra non avrà mai un sapore sgradevole, indipendentemente dalla luce. E questo è il procedimento adottato da almeno uno dei produttori di birra in bottiglie trasparenti.

L'altro sistema è quello di incastrare una fettina di lime nel collo della bottiglia di birra allo scopo di confondere i sensi, in maniera da riuscire a berla indipendentemente dal vero sapore, sgradevole o meno.

48
Al prossimo Oktoberfest gustatevi la birra, non l'acqua

Ogni tanto, quando si viaggia all'estero, capita che ci dicano: "Laggiù, evitate di bere acqua; bevete birra, che è più sicura". È senz'altro una buona notizia se vi state recando all'Oktoberfest. In realtà, sin dai tempi antichi, è sempre stato più sicuro bere birra perché molto spesso non si aveva una fonte di acqua pura a portata di mano.

Al di là della questione, oggi molti produttori di birra reclamizzano l'origine dell'acqua come una delle ragioni per l'alta qualità del proprio prodotto. Si prenda, per esempio, la *Old Milwaukee*. Anzi, volevo dire la *Coors*: l'acqua delle Montagne Rocciose usata per fare la *Coors* viene citata come uno dei motivi per cui il sapore è così buono.

È vero o si tratta solo di una trovata pubblicitaria? L'acqua ha davvero un effetto sulla qualità della birra?

Senza dubbio: l'acqua è un ingrediente essenziale per fare una buona birra. L'acqua costituisce il 90% della birra, per cui è chiaro che sia importante, ma la questione è ben più complessa.

I vari tipi di birra prodotti nei diversi Paesi e nei diversi continenti si basano infatti, almeno in parte, sulle caratteristiche dell'acqua che si trova in loco. Per comprenderne la ragione, bisogna sapere cosa c'è nell'acqua.

L'acqua contenuta nella birra dovrebbe essere naturalmente priva di agenti contaminanti: una cosa che proprio non ci farebbe piacere è sapere che l'acqua usata per la birra contiene piombo, PCB o microrganismi patogeni. Ma ci sono anche altre molecole generalmente contenute nell'acqua che possono condizionare fortemente la qualità della birra.

In particolare i minerali disciolti, che per lisciviazione passano dalle rocce all'acqua che vi scorre in superficie, sono molto importanti nella produzione della birra. L'acqua dura (si chiama così quella ricca di sali) contiene particolari minerali disciolti che influenzano in maniera significativa le operazioni di birrificazione. L'ebollizione dell'acqua uccide i batteri e garantisce che acqua e birra si possano bere in sicurezza. In seguito all'ebollizione, l'acqua dura lascia un residuo bianco, composto principalmente da sali di calcio e magnesio che precipitano con l'innalzamento della temperatura. Gli scienziati che studiano il comportamento dell'acqua chiamano "durezza temporanea" quella dovuta a questi sali. Anche l'acqua addolcita contiene minerali disciolti, di tipo differente, che non precipitano con il calore.

La composizione relativa dei minerali nell'acqua viene determinata dal tipo di rocce in cui l'acqua si infiltra, che cambia da zona a zona. I minerali influenzano i processi di birrificazione, in particolare la maltizzazione e la fermentazione. Per esempio, alcuni minerali hanno effetti specifici sui lieviti che fermentano gli zuccheri in alcol.

Il calcio e il magnesio, gli elementi che determinano la durezza temporanea dell'acqua, hanno impatti diversi sulla birrificazione: conferiscono alla birra una particolare "palatabilità", oltre a influenzare il grado di acidità e l'attività del lievito. Anche l'equilibrio tra i livelli di calcio e di magnesio è determinante per il gusto della birra.

L'acqua contiene anche sodio disciolto, in particolare quando è stata sottoposta al processo utilizzato dai sistemi addolcitori per l'acqua domestica. Il sodio conferisce un gusto salato alla birra; troppo sodio, però, può influenzare negativamente l'attività dei lieviti.

Anche gli elementi in traccia, come lo zinco e il rame, hanno un impatto sul metabolismo dei lieviti, e pertanto la loro presenza nell'acqua deve essere misurata durante la produzione della birra. I carbonati e i solfati apportano sapori specifici e possono influenzare l'estrazione del luppolo, modificando ulteriormente i sapori.

Dato che questi componenti dell'acqua variano enormemente in tutto il mondo, non bisogna stupirsi che le birre prodotte nei diversi continenti abbiano un gusto differente. Mentre oggi i produttori sono in grado di controllare artificialmente la composizione minerale dell'acqua usata per la birrificazione, centinaia di anni fa i birrai si limitavano a usare le risorse naturali a propria disposizione.

Ecco perché con l'acqua dolce di Pilsen, nella Repubblica Ceca, si otteneva una tipica birra *lager* leggera, mentre la *lager* prodotta con l'acqua dura di alcune zone della Germania aveva un gusto molto più forte.

Al prossimo Oktoberfest, sentitevi liberi di bere quanta birra volete con la consapevolezza che l'acqua con cui è fatta, oltre a contribuire in maniera importante alla qualità della bevanda, è senz'altro sicura per la vostra salute, basta non esagerare col bere e poi volersi mettere alla guida di un'auto.

49
Un succo di arance
sempre fresche

Scegliete una bella arancia fresca, spremetela e otterrete un succo delizioso, mix perfetto di dolcezza e asprezza. Oppure no. Talvolta, al posto di un nettare tanto dissetante da mettervi di buon umore, dall'arancia esce solo una piccola quantità di succo per niente dolce, anzi, così aspro da farvi stringere le labbra.

A cosa si deve questa variabilità nelle arance? L'esposizione solare, la pioggia, la temperatura, e forse anche l'umidità che si riscontrano durante la fase dell'accrescimento della pianta sono tutte condizioni che influenzano la qualità di frutti come le arance. Sono gli stessi fattori che determinano le differenze tra i vini d'annata (vedi Capitolo 3): l'uva prodotta dallo stesso vitigno, ma cresciuta in anni diversi e in aree molto distanti, produce vino con qualità diverse. Forse anche per il succo d'arancia bisognerebbe parlare di "annate".

Differenze minime nel contenuto di zuccheri, acidi, oli essenziali o sostanze aromatiche, indotte dalle diverse condizioni atmosferiche durante il periodo di sviluppo dei frutti, conducono a delle variazioni nell'aroma e nel gusto. Il succo d'arancia, così come il succo d'uva, non è altro che la somma dei suoi componenti chimici. Ciò che distingue un succo dolce da un succo aspro è solo il contenuto di zucchero e di acido.

Quale che sia il motivo di questa variabilità, i produttori devono trovare un sistema per appianare queste differenze al momento di confezionare il succo d'arancia per il successivo consumo. Quando compriamo il succo d'arancia al supermercato, la nostra aspettativa è che sia sempre di alta qualità. Ancor di più, ci attendiamo che il succo abbia sempre lo stesso gusto, indipendentemente dalle conseguenze dell'ultimo uragano passato sulla Florida. Inoltre, per legge, un succo di frutta naturale può contenere solo determinati elementi; basta una piccola variazione e non potrà essere spacciato per succo d'arancia al 100%.

Come fanno produttori quali Minute Maid e Tropicana a mantenere sempre lo stesso livello di qualità e di stabilità del gusto nonostante la variabilità delle arance? Se sull'etichetta c'è scritto "100% succo d'arancia", e non concentrato, allora avrete la garanzia che il produttore ha usato soltanto i componenti che si trovano normalmente nelle arance. Non viene aggiunto nient'altro. Ma a quali soluzioni fanno ricorso i produttori per mantenere la qualità costante?

In teoria, si può prendere un'arancia qualsiasi, misurare il contenuto di ciascuno degli agenti chimici di rilievo (zucchero, acidi, ecc.) e poi aggiungere i componenti necessari per avere un succo equilibrato. Se però quei componenti sono stati presi da un'altra arancia, si può ancora utilizzare la dicitura "100% succo d'arancia".

Questo è il principio seguito nella standardizzazione del succo. Innanzitutto si separano i componenti che presentano una certa struttura chimica e successivamente si crea una miscela con le parti necessarie a ottenere sempre la stessa composizione chimica. L'essenza di arancia (con il suo gusto e il suo aroma), per esempio, deriva dalla distillazione del succo o anche delle bucce del frutto. L'essenza è spesso usata nei profumi o negli aromi additivi, ma può venire aggiunta alla miscela del succo per ottenere un sapore naturale.

Anche i produttori di latte praticano una standardizzazione: scremano il grasso dal latte e poi tornano ad aggiungere al latte intero la quantità di crema necessaria a mantenere costante (al 3,2%) il contenuto di grassi.

Un altro sistema per standardizzare il succo d'arancia è quello di prendere arance provenienti da diverse fonti e aree del mondo, analizzare la composizione chimica di ogni singolo quantitativo di succo prodotto con esse e successivamente miscelarli nelle proporzioni giuste per ottenere la composizione desiderata. Questo approccio richiede una manipolazione costante degli ingredienti per ottenere una miscela che sia la più vicina possibile allo standard desiderato, cercando di contenere il più possibile i costi.

Fare il succo d'arancia può sembrare un compito facile: basta spremere delle arance in un contenitore. Ma, come abbiamo visto, non sempre è così. I produttori di succo di frutta dedicano molta più energia e molto più tempo di quanto possiamo immaginare per garantire che il loro prodotto sia sempre in grado di metterci di buonumore.

50
Sidro di mele

Mentre in Europa il sidro di mele è una bevanda alcolica, negli Stati Uniti chiamano "sidro" il succo di mela analcolico e non filtrato. Durante l'autunno, uno dei piaceri per i nostri sensi è proprio quello di sorseggiare il sidro appena ottenuto dalla spremitura delle mele. Con quel sapore fresco e dolce, il sidro è una salutare delizia per il palato. Ma prima di bere sidro di mele crudo, pensateci bene.

Adesso, la *Federal and Drug Administration* (FDA) obbliga tutti i produttori di sidro di mele a pastorizzare la bevanda per renderla completamente sicura. Il regolamento, però, si applica solo ai produttori che consegnano il sidro ai dettaglianti, pertanto ai piccoli produttori è ancora consentito venderlo crudo sulle bancarelle, a condizione che sulle bottiglie venga apposta un'etichetta di avvertimento.

Attenzione: bere sidro di mele crudo potrebbe essere pericoloso per la vostra salute!

Basta tornare con la mente agli anni '90, quando diverse epidemie associate all'*E. coli* e ad altri microrganismi vennero attribuite a sidro di mele bevuto crudo. Allora, centinaia di persone soffrirono di gravi problemi gastrointestinali e ci furono addirittura alcuni decessi in seguito all'ingestione di sidro contaminato.

In seguito a uno studio condotto dall'Università del Maryland, l'*E. coli* fu trovato su campioni di mele crude, sui frantoi utilizzati per il sidro, nel succo spremuto e sui residui della frangitura. Il microbo è chiaramente presente sulle mele.

Ma da dove viene l'*E. coli*? Secondo una diffusa teoria, le mele raccolte dal terreno del frutteto sono contaminate da microrganismi che si trovano comunemente nella terra e che nemmeno la spazzolatura e la pulitura dei frutti rimuove totalmente. Se così fosse, fare il sidro a partire esclusivamente da mele integre raccolte dall'albero dovrebbe garantire un prodotto incontaminato, giusto? Sembra di no: degli studi hanno documentato la presenza dell'*E.coli* anche sulle mele raccolte dall'albero, indicando che la contaminazione può avvenire anche in altri modi. Per tutte queste ragioni, la FDA prescrive la pastorizzazione del sidro.

È però logico chiedersi perché oggigiorno debbano esserci tutte queste preoccupazioni. In fondo, le persone non hanno forse bevuto per secoli il sidro di mele crudo, tanto quanto il latte crudo? La risposta è complessa. Esiste la possibilità che i microrganismi si stiano evolvendo in risposta a nuovi fattori ambientali, ma è più probabile che per anni le persone abbiano contratto malattie in seguito al consumo di sidro o latte crudo, solo che se ne ignorava la causa.

Fino a poco tempo fa, ricondurre un contagio da avvelenamento alimentare a un cibo specifico o a una località era praticamente impossibile. Ora, i moderni metodi di analisi scientifica ci forniscono mezzi migliori per risalire fino alla sorgente del problema.

Assumendo che ora il sidro debba essere pastorizzato, come si può realizzare questa procedura in modo da conservare il più possibile le qualità del prodotto appena fatto?

Il metodo tradizionale di pastorizzazione prevede il riscaldamento del sidro fino a un determinato livello che garantisce la distruzione di un numero opportuno di microrganismi, rendendo pertanto il prodotto sicuro per il consumo. Gli scienziati dell'alimentazione dell'Università del Wisconsin raccomandano di portare il sidro crudo a una temperatura di almeno 68°C, mantenendola per 14 secondi. Secondo altri esperti, il sidro va riscaldato a 71°C e mantenuto a quella temperatura per almeno sei secondi. In entrambi i casi, il numero dei microrganismi deve risultare ridotto di un fattore pari a 100.000 (cinque ordini di grandezza).

Il riscaldamento, però, comporta anche mutamenti sostanziali della qualità, in particolare quando è prolungato. I cambiamenti indotti dal calore sono utili quando si tratta di arrostire il tacchino o di tostare il pane, ma negli alimenti freschi come il latte e il sidro, il calore provoca mutamenti indesiderati. Dicono che, rispetto a quello crudo, il sidro di mele pastorizzato abbia un sapore "cotto" e che nemmeno il colore sia lo stesso. Per molti consumatori, queste diverse caratteristiche sono inaccettabili.

Allo scopo di conservare il naturale sapore e aspetto del sidro, garantendo al contempo la sicurezza, sono stati studiati diversi sistemi di pastorizzazione non termica. Una delle tecnologie più promettenti impiega una luce ultravioletta di intensità sufficiente a distruggere i microrganismi. Il risultato è un prodotto pastorizzato che conserva la maggior parte delle piacevoli caratteristiche del sidro fresco. La FDA oggi infatti consente anche l'uso della pastorizzazione a luce ultravioletta per il trattamento del sidro di mele, anche se gli appassionati di sidro sostengono che il gusto ottenuto è comunque diverso rispetto a quello del succo originale.

Il prossimo autunno vi troverete davanti a una scelta: bere sidro di mele crudo per gustarvi il sapore, correndo il rischio di un'intossicazione alimentare (o peggio), o bere sidro di mele pastorizzato in totale sicurezza. Per fortuna i nuovi metodi di pastorizzazione ci consentiranno di avere il sidro originale e anche di berlo.

51
Eggnog:
una tradizione natalizia

Le storie che raccontano le origini dell'*eggnog*, la tradizionale bevanda natalizia nordamericana, sono tante, così come le ricette per prepararlo, a partire dalle varianti analcoliche per tutta la famiglia fino a quelle che vi daranno una vigorosa bevanda alcolica. Sebbene a volte la ricetta dell'eggnog contenga uova crude, se preparato in maniera adeguata può costituire una bevanda piacevole e sicura da gustare durante le feste.

Molto probabilmente l'eggnog deriva da una bevanda inglese chiamata "posset", latte speziato con aggiunta di vino o birra *ale*. Nel Medioevo, il *posset* veniva usato come rimedio contro il raffreddore. La ricetta dell'eggnog che conosciamo oggi prevede solitamente come ingredienti uova, latte (e/o panna), zucchero e spezie, con l'aggiunta, se lo desiderate, del vostro superalcolico preferito.

Durante il periodo coloniale, nel Nord America si cominciò ad aggiungere il rum all'eggnog per dargli quella marcia in più. Il rum è ancora oggi l'alcolico preferito per fare l'eggnog in molte regioni degli USA, sebbene si possano usare pure il bourbon, il whiskey, il brandy, lo sherry, così come praticamente qualsiasi altro tipo di bevanda superalcolica. Indipendentemente da quale alcolico si utilizzi, se previsto dalla ricetta, il risultato si chiama sempre *eggnog*. Alcuni riferiscono che il nome fu inventato ai tempi dell'America coloniale, quando il rum era chiamato "grog", cosicché le parole "egg" (uovo) e "grog" furono abbreviate in eggnog. Secondo altre fonti, il termine "nog" deriva da "noggin", che può significare sia "birra", che "piccolo boccale di legno". Ecco come può essere successo che una bevanda a base di uova e alcolici, servita in un piccolo boccale di legno, abbia assunto il nome di eggnog. Quale che sia l'origine del nome, l'eggnog è diventato una tradizionale bevanda americana che milioni di persone ogni anno degustano durante le festività natalizie.

Secondo una ricetta fornita dall'*American Egg Board* (l'organizzazione americana dei produttori di uova), l'eggnog si prepara unendo sei uova, circa 60 g di zucchero, un po' di sale, un litro scarso di latte, vaniglia e spezie a piacimento. Le uova vengono sbattute con zucchero e sale, quindi si aggiunge metà del latte e si riscalda la miscela a fuoco lento fino a raggiungere circa 70°C. Quando il liquido presenta una consistenza cremosa, viene rimosso dal fuoco e vi si aggiunge il latte rimanente assieme alle spezie. Prima di essere servito, l'eggnog va lasciato in frigo a raffreddare.

Nelle ricette tradizionali dell'eggnog, le uova crude vengono montate con zucchero e latte fino a ottenere una spuma densa alla quale si aggiungono panna, spezie e l'alcolico preferito. Le uova crude, però, non sono più considerate un cibo sicuro e dovrebbero essere sottoposte a cottura durante la preparazione, per eliminare qualsiasi possibilità di contaminazione. L'eggnog in vendita nei negozi viene sempre pastorizzato per tutelare i consumatori da intossicazioni alimentari.

In passato si pensava che l'interno delle uova fosse praticamente sterile e pertanto gli alimenti preparati con uova crude (salsa olandese, eggnog, ecc.) venivano consumati senza problemi. La mamma vi dava le sberle sulle mani se scopriva che avevate mangiato l'impasto crudo per i biscotti, ma in ogni caso era piuttosto improbabile che vi potesse causare un'intossicazione alimentare.

Ora, tuttavia, sappiamo che circa un uovo su 20.000 può contenere batteri *Salmonella enteritidis*, introdottisi attraverso il guscio rigido, oppure già all'interno della gallina stessa prima che si formi il guscio. In conclusione, anche un uovo con un guscio pulito e intatto può essere contaminato. Negli individui sani, l'intossicazione da *salmonella* si manifesta con crampi alla pancia e diarrea, sintomi spesso confusi con quelli di un'influenza. Nelle persone che presentano una compromissione del sistema immunitario, però, l'intossicazione da *salmonella* può rivelarsi fatale.

Tornando alla ricetta dell'*American Egg Board* che abbiamo qui riportato, il riscaldamento a fuoco lento della miscela contenente uova a circa 70°C è sufficiente a distruggere i batteri *salmonella* e a garantirci una bevanda priva di contaminazioni. In alternativa si possono usare uova pastorizzate, in vendita nei supermercati, che permettono di saltare completamente la fase del riscaldamento. Alcune persone preferiscono comunque correre il rischio, con una probabilità di circa cinque millesimi dell'1%, di contrarre un'intossicazione alimentare da uova crude.

Fortunatamente l'alcol utilizzato per fortificare l'eggnog contribuisce a prevenire l'avvelenamento da *salmonella*. Recenti studi di laboratorio hanno dimostrato che l'alcol distrugge i batteri *salmonella*, un fatto avvalorato da studi in cui la violenza dell'episodio di intossicazione alimentare veniva rapportata all'assunzione di alcol. Tra le persone che avevano mangiato gli stessi cibi contaminati, quelle che avevano bevuto più alcol durante il pasto avevano anche meno probabilità di "beccarsi" l'intossicazione.

Sebbene non sia raccomandabile bere eggnog con uova crude, se lo fortificate con superalcolici almeno contribuirete a ridurre il rischio di avvelenamento.

52
Bibite "spaziali" in polvere?

Siete degli appassionati della *Kool-Aid*? Non potete fare a meno della *Tang*? Anche se non in voga come lo erano alcuni decenni fa, sono entrambi prodotti molto popolari negli States e che consentono di creare una bibita zuccherata una volta disciolti in un bicchiere d'acqua.

La tradizione vuole che l'originale bevanda in polvere, la *Tang*, sia nata durante il programma di esplorazione spaziale. Ma sia la NASA che la Kraft Foods, l'attuale produttore di *Tang*, sostengono si tratti di un'informazione errata. La *Tang* è stata creata e commercializzata alla fine degli anni '50 dalla General Foods, che la voleva promuovere come moderna bevanda da colazione. Soltanto negli anni '60 la NASA ha portato la *Tang* nello spazio, apparentemente perché gli astronauti potessero mascherare il sapore dell'acqua trattata. La General Foods sfruttò il fatto per farsi pubblicità e da allora la *Tang* è rimasta associata agli astronauti delle missioni spaziali.

La *Kool-Aid* è stata sviluppata in Nebraska negli anni '20 dall'inventore Edwin Perkins. Quando nel 1953 vendette il marchio alla General Foods, Perkins produceva ormai oltre un milione di confezioni l'anno. Per inciso, la *Kool-Aid* è ancora la bevanda ufficiale nazionale del Nebraska (il latte, invece, è la bevanda ufficiale nazionale di 19 Stati, compreso il Wisconsin, ovviamente).

Ma cosa contengono esattamente la *Kool-Aid* e la *Tang*? La *Tang* contiene tutti gli ingredienti necessari ad addolcire, colorare e insaporire un bicchiere d'acqua, mentre per ottenere una bevanda dolce dalla *Kool-Aid* classica bisogna aggiungere zucchero. Oltre allo zucchero, la *Tang* contiene acido citrico, vitamina C, citrato di potassio, acido malico, gomma di xantano e gomma di cellulosa, fosfato di calcio, coloranti e aromi. La *Kool-Aid* contiene acido citrico, sale, fosfato di calcio, coloranti e aromi, e vitamina C.

Se provate ad assaggiare la polverina della *Kool-Aid* senza zucchero, vi accorgerete che ha un sapore molto aspro, dovuto al fatto che il suo ingrediente principale è proprio l'acido citrico. La polverina non dolcificata della *Kool-Aid* deve riuscire a insaporire un'intera caraffa di prodotto, per cui gli ingredienti sono davvero molto concentrati.

Poiché gli acidi cristallini assorbono l'umidità dell'aria molto facilmente, entrambi i prodotti contengono fosfato di calcio (tribasico) per prevenire la formazione di coaguli. Alla stregua dei chicchi di riso dentro la saliera (vedi Capitolo 18), i cristalli di fosfato di calcio mantengono la polverina della *Tang* e della *Kool-Aid* sempre intatta.

Il citrato di potassio contenuto nella *Tang* è un agente tampone che mitiga l'acidità della bevanda. La gomma di xantano e la gomma di cellulosa vengono addizionate in quanto agenti addensanti: ecco perché un bicchiere di *Tang* è più viscoso di un bicchiere di *Kool-Aid*.

Si possono usare anche caramelle in polvere come le *Lik-m-Aid* e le *Pixy Stix* per produrre una bibita analcolica zuccherata? Queste caramelle contengono destrosio, acido citrico, coloranti e aromi, più o meno come la *Kool-Aid* e la *Tang*. La bevanda che si otterrebbe con esse non sarebbe, però, altrettanto dolce, dal momento che lo zucchero principale usato in questi prodotti è il destrosio (un altro nome per il glucosio).

Rispetto al saccarosio, il glucosio presenta un grado di dolcezza del 70% e un grado di solubilità a temperatura ambiente del 50%. Il glucosio in polvere è percepito come estremamente dolce dai bambini perché si concentra in bocca, ma a causa del basso grado di solubilità e di dolcezza, quando lo sciogliamo in acqua otteniamo qualcosa di più simile a una di quelle bibite "sportive" che non alla *Kool-Aid*.

La *Tang* e la *Kool-Aid* conferiscono gusto al vostro bicchiere d'acqua, ma non l'effervescenza di una bibita gassata. Negli anni '60 apparvero sul mercato delle compresse chiamate *Fizzies* che, quando venivano aggiunte all'acqua, si scioglievano producendo una bibita dolce e frizzante. In sostanza, le *Fizzies* erano una specie di *Alka-Seltzer* dal sapore piacevole, la cui effervescenza era dovuta alla reazione del bicarbonato con l'acqua. Originariamente zuccherate con ciclammati, un insieme di sali ciclammato e acido ciclammico dal potere dolcificante 30 volte superiore a quello dello zucchero, le *Fizzies* furono ritirate dal mercato quando il governo le bollò come agenti cancerogeni. Anni dopo, si scoprì che in realtà i ciclammati non sono correlati al cancro, ma il danno ormai era fatto e la produzione di *Fizzies* era stata sospesa. Ma ora ci sono buone notizie per tutti gli appassionati di *Fizzies*: sono tornate (www.fizzies.com), e questa volta gli edulcoranti usati nella ricetta sono l'acesulfame potassio e il sucralosio.

Ma perché non si può usare lo zucchero per dolcificare le *Fizzies*? Per dolcificare adeguatamente un bicchiere d'acqua, la compressa fatta con zucchero dovrebbe avere le dimensioni di un disco da hockey, e probabilmente farebbe fatica a entrare in un qualsiasi bicchiere. Ecco perché c'è bisogno di un dolcificante molto più intenso.

Vi sarà forse capitato di sentire che la polverina della *Tang* può essere usata al posto del detersivo per la lavastoviglie. Se da un lato è vero che l'alto contenuto di acido citrico può avere un effetto detergente, i produttori raccomandano fortemente di limitarsi a utilizzare la *Tang* esclusivamente come bibita e non per sostituire il detersivo, che vi troviate sulla Terra o in orbita nello spazio.

53
Milk shake e mal di testa

Per combattere il calore di una giornata estiva non c'è niente di meglio di un *milk shake*: rinfrescante e piacevole sia che lo beviate con la cannuccia, sia che lo mangiate con il cucchiaino. Ma se non state attenti, vi potrebbe causare una nevralgia del ganglio sfeno-palatino.

Come succede per molti altri cibi o bevande, il *milk shake* può cambiare nome a seconda di dove vi troviate negli Stati Uniti. Sebbene in gran parte dell'America lo chiamino *milk shake*, nel New England potreste sentir ordinare un "velvet" o un "frappé", o addirittura un "cabinet" nel Rhode Island.

Gli ingredienti principali del *milk shake* sono il latte, il gelato e gli aromi, anche se nel corso degli anni sono stati usati disparati ingredienti per inventare un gusto particolare, soddisfare una richiesta o minimizzare i costi. Per esempio, alcuni frullati che si fanno nei fast food non contengono nemmeno latte o gelato e sono formulati appositamente per tagliare i costi e per essere preparati in poco tempo.

Nonostante il nome derivi da "milk", latte, in realtà è il gelato che rende il *milk shake* fresco e gustoso. Per fare un frullato, si uniscono latte e aromi con del gelato e poi si passa la miscela al frullatore. Il gelato contiene aria in origine: circa la metà del suo volume è di fatto costituita da bollicine. Quando lo si frulla, viene incorporata una quantità ancora maggiore di aria, ed ecco perché il risultato ha quel tipico aspetto schiumoso.

Il gelato contiene minuscoli cristalli di ghiaccio in grandi quantità, che danno quella sensazione rinfrescante in bocca e struttura al composto. Quanto più c'è ghiaccio, tanto più denso è il gelato e con la diminuzione della temperatura la quantità di ghiaccio aumenta: ora si capisce perché il gelato appena estratto dal freezer è così duro da piegare un cucchiaio. Per fare un *milk shake* tale da essere bevuto con la cannuccia, il gelato deve essere leggermente riscaldato per sciogliere parte del ghiaccio. L'aggiunta di latte e il passaggio nel frullatore sono sufficienti per trasformare il gelato in una bevanda semiliquida. Per ottenere un frullato più denso, basta aumentare la proporzione di gelato rispetto a quella di latte, in maniera da avere una quantità maggiore di cristalli di ghiaccio.

In un certo senso, si può dire che vi è un *continuum* nella densità in base alla quantità di ghiaccio presente. Il composto per il gelato e il latte fluido (privi di cristalli di ghiaccio) si trova all'estremità fluida dello spettro, mentre il gelato congelato (in cui l'acqua si trova per lo più sotto forma di ghiaccio) è all'estremità solida. Nel mezzo, il *milk shake* si posiziona sul lato più fluido, mentre il gelato soft o la crema pasticcera si collocano sul lato più denso. Un *milk shake* molto compatto si posizionerebbe tra il milk shake tradizionale e il gelato soft.

Qual è il vostro gusto preferito di *milk shake*? Cioccolato, fragola e vaniglia sono i grandi classici, ma si sono visti in circolazione i gusti più disparati, dalla gomma da masticare al gusto d'uva al gelato *Cherry Garcia*. Esiste addirittura un *milk shake* al gusto di ciambella *Krispy Kreme*.

Un gusto piuttosto popolare di *milk shake* è quello al latte maltato, che si ottiene semplicemente unendo il latte in polvere addizionato con malto al *milk shake* tradizionale. Originariamente sviluppato dai fratelli Horlicks nel 1872 a Racine, nel Wisconsin, come integratore alimentare per l'infanzia, il latte in polvere con aggiunta di malto è una combinazione di orzo maltato essiccato, farina di frumento e latte. Le fonti più accreditate indicano un barista addetto al bancone dei gelati e delle bibite da Walgreen a Chicago come la prima persona ad avere aggiunto nel 1922 il latte maltato in polvere a un *milk shake*, ottenendo quello che oggi in America è noto come il "maltato".

Quale che sia il gusto, un *milk shake* molto freddo può causare un particolare mal di testa o, in termini tecnici, una nevralgia del ganglio sfenopalatino. Il freddo intenso del *milk shake*, o di un qualsiasi prodotto congelato, provoca la contrazione dei vasi sanguigni del palato, seguita da una dilatazione necessaria a far riaffluire il calore nell'area, quando viene allontanata la sorgente del gelo. Un segnale neurale generato dalla dilatazione provoca un dolore riferito, vale a dire un dolore che si avverte in un posto diverso dalla causa del problema, in questo caso nella testa: il mal di testa da freddo ne è il risultato.

Il punto esatto del dolore riferito dipende da dove è stato applicato il freddo all'interno della bocca. Questo potrebbe spiegare perché il mal di testa da freddo si avverte in maniera sempre diversa. Tra l'altro, gli scienziati hanno scoperto anche che i mal di testa da freddo si verificano soltanto in estate: sembra che bere un *milk shake* d'inverno non causi alcun problema.

Per gustare un *milk shake* o un "maltato" ed evitare la nevralgia del ganglio sfenopalatino, si consiglia in ogni caso di berlo lentamente e di non tenere la cannuccia puntata direttamente verso il palato.

54
Arachidi "da circo"

Parliamo ora delle caramelle spugnose *Circus Peanuts*: o si adorano o si detestano, non ci sono vie di mezzo. Ma perché? Sono forse detestate per la loro consistenza? Oppure per il loro sapore? Ma di che cosa sanno esattamente?

La storia delle *Circus Peanuts* è un po' nebulosa, come succede per molti cibi, ma forse in questo caso la ragione è che nessuno ha mai voluto ammettere di essere stato il responsabile della creazione di questo dolcetto tanto deprecato. Quale persona sarebbe capace di inventare un *marshmallow* arancione a forma di arachide, oltretutto con un sapore non ben definito?

Queste caramelle di color arancione scuro, con tanto di fossette sulla superficie che replicano il guscio delle arachidi, sono considerate a tutti gli effetti dei *marshmallow*, nonostante siano sostanzialmente diverse dalle toffolette che Charlie Brown arrostisce sul fuoco del campeggio o dai *marshmallow* Peeps a forma di coniglietto che tradizionalmente si trovano nei cestini pasquali americani. Le *Circus Peanuts*, come i pezzetti di *marshmallow* contenuti nei cereali da colazione *Lucky Charms* (in inglese detti «*marbit*»), sono più dense e granulose, dal momento che parte dello zucchero si trova sotto forma di cristalli.

La caratteristica principale che i *marshmallow* presentano è probabilmente l'areazione, con una densità molto minore rispetto a quella dell'acqua. A causa di questa bassa densità, i *marshmallow* galleggiano sull'acqua e sulla cioccolata calda. Anche le *Circus Peanuts* galleggiano, essendo meno dense dell'acqua, proprio come i *marbit* dei *Lucky Charms* galleggiano nella tazza di cereali.

Guarda caso, la storia dei *marbit* dei *Lucky Charms* è partita proprio dalle *Circus Peanuts*. Si narra che l'inventore dei cereali *Lucky Charm*, un dipendente della General Mills, abbia provato ad affettare delle *Circus Peanuts* sui cereali, rimanendo molto soddisfatto del risultato. Era nato un nuovo tipo di cereali da colazione e i *marbit* finirono col diventare quasi leggendari. Non mancano storie sul significato più profondo delle forme di *marbit*, dal trifoglio all'arcobaleno. Se vi interessa, potete addirittura scoprire le preferenze sessuali associate alle vostre simpatie e antipatie per certe forme di *marbit* (www.trygve.com/uecharms.html).

Le *Circus Peanuts* hanno un qualche legame anche con il Wisconsin, e non si tratta del circo *Ringling Brothers* di Baraboo, uno dei circhi più importanti in America. Il principale produttore di *Circus Peanuts* è la Melster Candies, con sede a Cambridge, in Wisconsin. Stando alle dichiarazioni dello scienziato alimentare incaricato del controllo qualità e dello sviluppo prodotto della Melster Candies, presso il loro stabilimento si producono più *Circus Peanuts* di tutti gli altri stabilimenti di produzione messi insieme.

Ma che cosa contengono le *Circus Peanuts* e come vengono prodotte? L'elenco degli ingredienti delle *Circus Peanuts* comprende zucchero, sciroppo di mais, ma anche gelatina, proteine di soia e pectina. Inoltre vengono aggiunti un colorante arancione e un aroma artificiale (quale?).

Lo zucchero e lo sciroppo di mais servono a dare il giusto grado di dolcezza e la gelatina serve a favorire la sbattitura del composto. Per produrre le *Circus Peanuts*, lo zucchero e lo sciroppo di mais vengono mescolati e sottoposti a cottura. Quando lo sciroppo si è leggermente raffreddato, viene aggiunta la gelatina e lo sciroppo viene frullato allo scopo di incorporare aria. Lo sciroppo aerato viene versato ancora caldo negli stampini per creare la forma di arachide. La gelatina si raddensa man mano che il *marshmallow* si raffredda, intrappolando l'aria nella massa della caramella.

Lo stampo per le *Circus Peanuts* consiste in realtà in una depressione creata in amido di mais essiccato: si riempie un vassoio con amido di mais e si ricavano degli avvallamenti a forma di arachide, fossette sulla superficie comprese.

Le *Circus Peanuts* hanno due lati: uno è, appunto, a forma di arachide con fossette (il lato sullo stampo) e l'altro lato (la parte superiore) è quello da cui si riempie lo stampino. Quando lo sciroppo di *marshmallow* viene versato nello stampino, la parte superiore rimane piatta. Man mano che il *marshmallow* si raffredda e si essicca, parte dello zucchero contenuto nello sciroppo cristallizza. È la contrazione associata alla formazione dei cristalli che provoca una leggera depressione concava sulla parte superiore. Questa particolare forma deriva dal metodo con cui viene prodotta la caramella. Il particolare sapore, invece, deriva da… ehm, ma di che cosa sanno esattamente?

Forse non riuscirete a crederci (non lo immaginereste neppure, visto il sapore), ma si tratta di un aroma alla banana. A chi verrebbe mai in mente di inventare un dolcetto di colore arancione, che assomiglia a un'arachide e che sa di banana? E poi, diciamocelo, cosa diavolo c'entra il circo!?

Partiamo da un po' di storia. I *Peeps* sono stati inventati negli anni '20 del secolo scorso, ma non ebbero grande diffusione fino al 1953, quando la Just Born Company incominciò a produrli in serie. Con le nuove tecnologie ora a disposizione sembra che il tempo necessario per fare un *Peeps* sia crollato dalle 27 ore del 1953 ai sei minuti di adesso.

Siete anche voi tra quelli che aprono la confezione di *Peeps* per lasciarli essiccare? I *Peeps* si disidratano quando vengono esposti all'aria con un'umidità inferiore al 55% circa, proprio come avviene alle nostre mani nelle fredde giornate invernali. I *Peeps* essiccati si induriscono perché lo sciroppo zuccherato che contiene le bollicine d'aria solidifica. Nei *Peeps* freschi, lo sciroppo di zucchero è fluido e di conseguenza i *marshmallow* hanno una struttura soffice e spugnosa. Nei *Peeps* essiccati, invece, la matrice di zucchero solidifica, talvolta fino al punto di diventare dura come una caramella. In realtà, i *Peeps* essiccati dovrebbero essere definiti più propriamente *Peeps pietrificati*.

I *Peeps* presentano delle proprietà interessanti anche quando vengono riscaldati. Alcuni ricercatori che hanno "studiato" i *Peeps* sottoposti a riscaldamento, sia nel forno tradizionale che nel microonde, hanno scoperto che questi animaletti gommosi attraversano diverse fasi (www.peepresearch.org). Se riscaldati a pressione costante, per prima cosa si gonfiano come un palloncino. Per la legge dei gas perfetti, l'aria contenuta in ogni bolla di aria si espande con l'aumento della temperatura, portando a un incremento del volume. Secondo i ricercatori che hanno analizzato il comportamento dei *Peeps*, il riscaldamento in forno microonde della durata di 75 secondi fa quasi raddoppiare il volume dei dolcetti. Tuttavia, se il riscaldamento prosegue, il gel della gelatina si scioglie, facendo fluidificare la massa zuccherata e, al posto dei *Peeps*, non rimarrà altro che un cumulo appiccicoso di caramella liquefatta. Gli unici elementi ancora identificabili dopo lo scioglimento completo sono gli occhi, due puntini abbandonati in mezzo a una massa informe zuccherosa e vischiosa.

Come probabilmente avrete già immaginato, gli occhi sono fatti proprio di cera di carnauba, un prodotto naturale ricavato dalle foglie della palma di Carnauba. Può essere usata per lucidare le tavole da surf o gli M&Ms, come componente del rossetto, oppure per fare gli occhi dei *Peeps*. Gli occhi vengono incollati su ogni dolcetto subito dopo la spolveratura con lo zucchero.

Ora che vi sono noti alcuni principi scientifici alla base della preparazione dei *Peeps*, forse li potrete usare con maggiore perizia per giocare a simulare un duello. Davvero non avete mai simulato un duello con i *Peeps*? Armate due *Peeps* di stuzzicadenti, sistemateli uno di fronte all'altro nel microonde e accendetelo. La legge dei gas perfetti interviene e li fa gonfiare, finché lo stuzzicadenti di uno pungerà l'altro, facendolo esplodere. Ora sì che avete un motivo per giocare con il cibo.

56
Caramelle toffee al sale?

Quando d'estate fa molto caldo, spesso si fa una gita al mare. Sole, sabbia e acqua salata: gli ingredienti giusti per le caramelle toffee. Si racconta che nel 1883, durante un'inondazione causata da un violento temporale, un negozio di caramelle di Atlantic City fu invaso dall'acqua di mare. Quando il giorno seguente una ragazzina entrò a comprare delle caramelle toffee, il proprietario le disse scherzando di portarsi via un po' delle sue toffee all'acqua salata, le *salt water taffy*, appunto.

A quanto pare, le caramelle non devono essere state tanto male, e nemmeno il loro nome. Oggi, le *salt water taffy* si possono trovare presso tutte le spiagge della costa degli States, dalla Florida al Maine e addirittura a Salt Lake City, dove diversi stabilimenti producono questi dolcetti.

Ma le *salt water taffy* contengono davvero acqua salata? Una caramella di questo tipo che ho comprato qualche tempo fa mentre mi trovavo in vacanza a Cape Cod conteneva, secondo l'etichetta, sciroppo di mais, zucchero, acqua, grassi vegetali, sale, albumi d'uova, aromi e coloranti. Anche se l'acqua salata di per sé non compare tra gli ingredienti, vi è dell'acqua e vi è del sale. Credo si possa dire che si tratta di acqua salata.

Nelle caramelle, il sale crea un importante contrasto con la dolcezza, ma soprattutto migliora il sapore del toffee: non è che si senta un sapore salato, sia ben chiaro. Il sale serve a esaltare una serie di sapori piuttosto comuni, come quelli del cioccolato, del burro di arachidi e anche del mirtillo.

Fermarsi a guardare un caramellaio che distende l'impasto del toffee è uno dei momenti topici della gita al mare. Nei loro piccoli negozi, alcuni caramellai usano ancora un gancio fissato sul muro per tirare l'impasto. Un bravo caramellaio allunga la massa fino a quando non sta quasi per staccarsi dal gancio e sa esattamente

204

Sai cosa mangi?

quand'è il momento di avvolgere di nuovo sul gancio l'impasto al-
lungato. Oltre a costituire un buon esercizio fisico, piegare e ripie-
gare continuamente la massa di caramella su sé stessa conferisce
al toffee delle caratteristiche particolari.

Innanzitutto, lo stiramento della massa di toffee consente di incorporare aria, che dà alla caramella una struttura leggera. Prima di
essere stirata, la massa ha una gravità specifica di circa 1,45: gli
zuccheri disciolti la rendono più densa dell'acqua. In seguito allo
stiramento, la gravità specifica può scendere fino a 1,1, rendendo
la caramella più piacevole da mangiare, meno appiccicosa e più re-
sistente allo scioglimento. Cosa succede se la mettete in acqua,
affonda o galleggia?

Inoltre, lo stiramento modifica la viscosità, il colore e anche il sapore. Una caramella toffee che non viene stirata ha una struttura
più densa, dura da masticare, più simile a quella delle *AirHeads* o
delle classiche *Turkisk Taffy*. Qualcuno forse si ricorda ancora il mo-
tivetto della pubblicità delle Bonomo's... *"Oh, Oh, Oh – its Bonomo's
– caaaaandy".* Sbattetele con forza sul tavolo: sono così dure da andare in frantumi e, tra l'altro, sono più facili da mangiare. Le *French
Chew* sono un altro esempio di caramelle toffee dure.

Le *salt water taffy*, al contrario, hanno una piacevole consistenza morbida, facile da masticare. Non c'è niente di meglio che addentare una soffice caramella toffee appena fatta. Ma se vi capita
di mettere le mani su un vecchio sacchetto di toffee, rischierete di
perdere i denti, come diceva un vecchio caramellaio, tanto dure sono le caramelle.

L'indurimento che si verifica con il passare del tempo si deve in
gran parte alla disidratazione. Eccezion fatta per i giorni estivi più
umidi, l'acqua contenuta nel toffee tende a liberarsi nell'aria.
L'involucro di carta cerata che di solito avvolge le caramelle toffee
non è una barriera molto efficace per i liquidi, dato che riescono facilmente a passare attraverso le pieghe presenti all'estremità. Il risultato della disidratazione è un toffee più duro.

Ma cosa succede se si riscalda una vecchia caramella toffee nel
microonde? Se non la fate sciogliere per il troppo calore, ma vi li-
mitate a riscaldarla leggermente, la caramella si ammorbidisce fino a raggiungere una consistenza molto simile a quando era fresca. Pertanto, i due fattori principali che influenzano la durezza sono il contenuto di liquidi e la temperatura. Una caramella toffee

calda e con alto contenuto di liquidi è la più morbida che si possa ottenere. Ma se il toffee è troppo caldo o contiene troppi liquidi, si scioglie. E anche questo può essere uno svantaggio: quelle masse informi di toffee che rimangono appiccicate alla carta – che una volta erano caramelle – non sono affatto piacevoli da mangiare.

Ottenere con lo stiramento la combinazione giusta di ingredienti e la viscosità adeguata è un fattore essenziale nella preparazione di una buona *salt water taffy* che, almeno per stavolta, non vi farà perdere i denti.

57
Caramello

Come si pronuncia *caramel* in inglese? Forse kar-ah-mel, kare-ah-mel, kar-mel oppure kar-mul? Secondo la maggior parte dei dizionari consultati, sia kar-ah-mel che kar-mel sono forme corrette, indipendentemente dall'aspetto del caramello che volete indicare.

Oltre a essere una parola di moda per indicare una tonalità di marrone, il caramello può essere sia un dolce dalla consistenza morbida che una mistura di zucchero cotto usato come aroma o colorante. Il colore del caramello può variare dal marrone scuro all'ambrato chiaro.

Come fa il caramello ad acquisire il colore? Attraverso la caramellizzazione, giusto?

Sbagliato.

Provate questo esperimento a casa. Mettete sul piano di cottura due tegami, uno vicino all'altro. In uno versate una mistura di zucchero e sciroppo di mais e nell'altro versate la stessa mistura di zucchero e sciroppo di mais con un po' di latte condensato o in polvere. Accendete i fornelli a fuoco medio, mescolate in continuazione e osservate il colore che le misture sviluppano durante la cottura.

Il liquido con il latte incomincia ad assumere un colore marrone quando la temperatura si trova all'incirca intorno a 110°C e continua a imbrunire fino a quando la temperatura raggiunge all'incirca i 120°C. Questo è il procedimento seguito per fare i dolci al gusto di caramello.

Il composto di zucchero e sciroppo di mais, invece, incomincia a imbrunire solo quando la temperatura oltrepassa i 130°C. Quando la temperatura supera i 150°C, il colore diventa gradualmente sempre più scuro. Più la temperatura è elevata, più la tonalità diventa scura. Questo è il procedimento usato per fare i coloranti e gli aromi al caramello.

La reazione a cui si deve lo sviluppo del colore nella mistura di zucchero semplice è detta caramellizzazione. Il calore innesca una serie complessa di reazioni negli zuccheri, il cui risultato finale è la formazione di aromi volatili e composti polimerici. Questo tipo di caramello è un ingrediente usato come colorante e aroma in alimenti quali le bibite a base di cola e la salsa di soia.

La mistura di caramello fatta di zucchero, sciroppo di mais e latte condensato imbrunisce a temperature più basse perché determinati zuccheri reagiscono con le proteine del latte. È la stessa reazione – l'imbrunimento di Maillard – che fa imbrunire il pane tostato e che conferisce all'uvetta il colore marrone. Curiosamente, nonostante il nome, il caramello non assume il colore a causa della reazione di caramellizzazione.

In cosa consiste la differenza fra il caramello su stecco e il caramello semi-liquido usato nel ripieno di un cioccolatino? La differenza si deve principalmente al contenuto di liquidi, influenzato dalla temperatura a cui viene cotta la massa di caramello. La cottura a temperature più elevate, a 130°C e oltre, produce un caramello dal colore più scuro e riduce anche il contenuto d'acqua. Se il contenuto di liquidi è minore, il caramello, che è una matrice amorfa di zucchero e proteine con piccoli globuli di grasso sparsi al suo interno, è estremamente viscoso e possiede una struttura rigida che resiste al proprio peso al momento del raffreddamento.

Il caramello sottoposto a cottura a temperature più basse non solo presenta un colore più chiaro, ma contiene anche più acqua, motivo per cui solitamente la consistenza è semiliquida. Dato che l'alto contenuto d'acqua crea una massa meno viscosa, il caramello presenta il cosiddetto scorrimento a freddo (*cold flow*), la capacità di una matrice amorfa di scorrere gradualmente a temperatura ambiente, formando alla fine una "pozza" di caramello.

Il caramello può avere anche una cosiddetta "struttura corta". Se volete una dimostrazione, prendete una normale confezione di caramello, di quello che si trova in vendita a forma di cubo, e del caramello fresco fatto in casa. Afferrate il caramello fatto in casa alle estremità e tiratelo lentamente: si allungherà sempre di più con l'allontanarsi delle mani, finché la lunga striscia di caramello si spezzerà. Questa è una delle caratteristiche del caramello da masticare. Ora fate lo stesso con il caramello di produzione industriale. Teoricamente, dovrebbe allungarsi soltanto di qualche centimetro prima di spezzarsi. Questa è la "struttura corta", causata dalla presenza di piccoli cristalli di zucchero che rompono le catene di proteine e zuccheri che permettono l'allungamento.

Alla fine, che diciate kar-ah-mel o kar-mel, potete stare certi che i caramellai fanno tutto il possibile per produrre un dolce proprio come piace a voi: scuro o chiaro, duro o morbido, "corto" o molle.

Ah, dimenticavo: non ordinate un "caramel" in Inghilterra. Lì lo chiamano "toffee".

58
La vita è come
una scatola di cioccolatini

La mamma di Forrest Gump diceva:

La vita è come una scatola di cioccolatini, non sai mai quello che ti capita.

Con l'avvicinarsi delle feste, questa affermazione è più pertinente che mai. Come si fa a sapere cosa c'è dentro ognuno di quei cioccolatini dall'aspetto così allettante?

I produttori di cioccolatini sanno esattamente cosa c'è dentro ognuno dei dolci, ma generalmente non forniscono una scheda dettagliata degli ingredienti per venirci incontro. Con un po' di informazioni in più, si potrebbe capire di che gusto sono senza dover fare ricorso a un'unghia infilata sul fondo di ogni cioccolatino.

Osservate attentamente i cioccolatini che avete in soggiorno. I produttori usano due metodi per distinguerli: vari tipi di forme e la decorazione sulla parte superiore. Le ciliegie ricoperte di cioccolato sono facili da individuare, poiché hanno una tipica forma rotonda e possono essere avvolte nella stagnola, per evitare che vi siano "perdite". La forma dei cioccolatini alle creme è simile a quella delle ciliegie, anche se di solito sono più piccoli. Tuttavia, non si può distinguere il gusto del ripieno in base alla forma: la probabilità che vi capiti un cioccolatino allo sciroppo d'acero, piuttosto che al lampone, è la stessa.

I cioccolatini al caramello, alle noci, al torrone e ad altri ripieni tendono ad avere una forma quadrata o rettangolare e sono ancora più difficili da distinguere. Ecco perché i produttori decorano la superficie dei vari cioccolatini con uno svolazzo di cioccolato dalla forma sempre diversa, spesso simile a una spirale. Per ogni gusto del ripieno vi è una decorazione leggermente diversa che sta a indicare un determinato gusto.

Come vengono fatti questi cioccolatini? Come si ottiene quel ripieno morbido e semiliquido all'interno di uno strato di cioccolata? Ecco dove intervengono la scienza e la tecnologia: ci sono, infatti, molti modi per farlo.

Una crema che sia abbastanza densa da mantenere la forma, come il caramello solido, viene fatta passare sotto una "cascata" di cioccolato liquido in una macchina ricopritrice. Il caramello solido passa prima su di un piano di scorrimento a rulli coperto di cioccolato che ne riveste il fondo. Il dolcetto parzialmente rivestito viene poi fatto passare attraverso un'invitante cascata di cioccolato che lo riveste su ogni lato. Infine, il dolcetto ricoperto di cioccolato passa attraverso un tunnel di raffreddamento che solidifica il cioccolato e, *voilà*, il cioccolatino è pronto per il confezionamento.

Le creme troppo liquide per mantenere una forma, come il caramello semiliquido, vengono sottoposte a un processo di modellaggio. Per fare un guscio di cioccolato, la cioccolata liquefatta viene versata nelle formine (con la relativa decorazione a spirale intagliata sul fondo). Successivamente, le formine vengono girate e scosse per sgocciolare il cioccolato in eccesso; quindi vengono fatte raffreddare. Quando il guscio di cioccolato si è solidificato, viene pompato un ripieno fluido all'interno della forma. Per sigillare il fondo, viene colata dell'altra cioccolata sullo stampino e il liquido in eccesso viene rimosso con precisione. Dopo averli lasciati raffreddare, i cioccolatini vengono prelevati dalle forme e messi nelle confezioni.

Una nuova tecnologia, detta "one-shot", ha reso ancora più facile la preparazione di cioccolatini farciti con ripieni morbidi. Con questo sistema vi sono due serbatoi, uno per il cioccolato liquefatto e l'altro per il ripieno centrale, che può essere di caramello o di crema. La bocchetta per il ripieno è disposta in maniera concentrica rispetto alla bocchetta per la cioccolata, come in una scatola cinese. L'ugello dosatore è programmato in maniera che il flusso di cioccolato cominci una frazione di secondo prima del flusso per il ripieno, cosicché la forma viene prima rivestita con il cioccolato. Quindi la crema per il ripieno viene colata all'interno del cioccolato. Il flusso del ripieno si ferma una frazione di secondo prima rispetto al cioccolato per formare un cioccolatino completamente rivestito. Per fare i *Cordial cherries*, simili ai nostri boeri con le ciliegie bagnate da liquore all'interno di un involucro di cioccolato, viene invece impiegato un ingrediente segreto: l'invertasi, un enzima che "spezza" il saccarosio in fruttosio e glucosio. Inizialmente, il "cuore" di un *Cordial cherry* è di zucchero fondente duro (più duro anche delle caramelle alla menta piperita *Peppermint Pattie*). Il pezzo di fondente solido, con una ciliegia al suo interno, è abbastanza consistente da venire avvolto da un involucro di cioccolato. Successivamente viene raffreddato e confezionato.

Nelle due settimane successive, l'invertasi "spezza" il saccarosio, producendo un cuore morbido e semiliquido completamente rivestito da cioccolato. Se vi è capitato di trovare un boero con un cuore duro, le possibilità sono due: il cioccolatino non è stato invecchiato abbastanza oppure non è stato iniettato con una quantità sufficiente di invertasi.

Ma in sostanza, in che senso la vita è come a una scatola di cioccolatini? Forse perché non si sa com'è fatta una persona fino a quando non la si conosce bene? O forse perché non si sa mai cosa attendersi da ogni nuova esperienza?

O è come quello slogan che si trova sugli adesivi da appicciare sui paraurti delle macchine? *"Life is like a box of chocolates – full of nuts!"*[1]

---

[1] "La vita è come una scatola di cioccolatini: è piena di matti." Si tratta di un gioco di parole incentrato sulla parola "nuts" che in inglese significa "noccioline", ma nel linguaggio colloquiale può voler dire anche "matto" (n.d.T.).

59
Misure di sicurezza per i coniglietti di cioccolata

Nel tradizionale cestino pasquale non possono mancare i coniglietti di cioccolato. Alcuni sono cavi, altri sono di cioccolato massiccio. Alcuni sono piccoli, altri sono enormi. Siete anche voi tra quelli che mangiano per prime le orecchie? Sembra che lo faccia la maggior parte della gente, probabilmente perché è la parte più facile da addentare, anche se mangiare le orecchie di un coniglietto cavo si trasforma spesso in un gran pasticcio, con pezzetti di cioccolato che volano da tutte le parti e lasciano macchie sui vestiti. Ma nemmeno addentare degli enormi coniglietti di cioccolato pieno è molto facile: duri come sono, bisogna approcciarli rosicchiandone i bordi per riuscire ad assaggiare un po' di cioccolato.

I grandi coniglietti di cioccolato pieno saranno forse più difficili da mangiare di quelli cavi, ma sono più facili da produrre: basta unire i due lati di uno stampino, ognuno corrispondente a una metà del coniglio, e riempire la forma con cioccolato temperato inserito attraverso un buco sul fondo. Dopo il raffreddamento, lo stampo viene riaperto e il coniglietto di cioccolato al suo interno è pronto.

Fare i coniglietti cavi, invece, è leggermente più complicato. Anche in questo caso il cioccolato viene versato in una forma; dopo qualche minuto di raffreddamento, la forma viene girata e scossa per far colare il cioccolato liquido in eccesso su di un vassoio, e in questo modo si ottiene una parete di cioccolato solidificato sulla superficie della forma. Nella fase successiva, la forma viene appoggiata e mantenuta sul letto di cioccolato appena colato in maniera che si formi anche il fondo del coniglietto. Un produttore di cioccolato ben attrezzato riesce a produrre circa 50-75 coniglietti all'ora.

Per aumentare la produzione, almeno per quanto riguarda i coniglietti più piccoli, i produttori di cioccolato utilizzano ora delle rotative, macchine che, in base alle dimensioni del prodotto, riescono a modellare fino a 720 coniglietti l'ora. Le formine dei coniglietti vengono fissate magneticamente all'esterno di un tamburo rotante. Con la rotazione del tamburo, ogni formina fa un giro di 360 gradi sul proprio asse, stabilendo un movimento multi-circolare che permette al cioccolato di rivestire l'intera superficie interna della forma, senza formare addensamenti in un punto specifico. Questo complesso movimento consente di ottenere un rivestimento uniforme di cioccolato solidificato sulla parte interna dello stampino. Dopo aver fatto raffreddare e solidificare il cioccolato, lo stampino viene rimosso dalla macchina e aperto per liberare il coniglietto cavo. Lo spessore del cioccolatino dipende da quanto cioccolato viene versato nella formina.

Per colorare le orecchie, gli occhi, o altre parti del corpo, il produttore può applicare del cioccolato colorato all'interno dello stampino prima di unire i due lati, oppure può colorare il cioccolatino in una fase successiva della produzione. Sul cioccolato bianco, sostanzialmente un cioccolato al latte privo di cacao, si applicano coloranti alimentari per dipingere gli occhi bianchi, le orecchie rosa o altre decorazioni colorate. Quando il cioccolato temperato viene versato nella forma, scioglie leggermente il cioccolato colorato pre-stampato sulla parete, e in questo modo il colore rimane sul coniglio al momento dell'apertura della forma.

I coniglietti cavi di cioccolato sono soggetti molto fragili, specialmente quelli grandi: se cadono o vengono colpiti durante il trasporto possono andare in frantumi. Ma allora qual è il metodo migliore per confezionarli proteggendoli da cadute accidentali? I ricercatori del programma sul confezionamento dei prodotti dell'Università del Missouri-Rolla hanno studiato proprio il problema della protezione dei coniglietti cavi di cioccolato da cadute accidentali e sono giunti alla conclusione che perché resistano a una caduta c'è bisogno di una confezione imbottita. Per prevenire la rottura, è stato raccomandato l'utilizzo di una confezione dotata di cuscinetti ad aria compressa, una specie di air bag per coniglietti vulnerabili. Purtroppo però, nonostante queste raccomandazioni, la sicurezza dei coniglietti di cioccolato rimane tristemente ignorata: ancora oggi, i coniglietti cavi vengono solitamente venduti in involucri di pellicola trasparente o di carta stagnola, esponendoli a potenziale rottura.

Ma qual è il coniglio cavo di cioccolato più grande che esista? Una ditta di New York ne vende uno fatto a mano, alto oltre 60 cm e con circa quattro chili e mezzo di peso, al prezzo di 80 dollari, solo che non lo ve lo spedirà via corriere perché è troppo fragile. Nemmeno una confezione dotata di cuscinetti d'aria sarebbe sufficiente a proteggere questo coniglio extralarge.

Gira voce, però, che ci sia in circolazione un coniglietto gigante di un metro di altezza e dieci chili di peso. I cacciatori di conigli cavi di cioccolato sono da anni alle calcagna di questa preda colossale. L'ultimo avvistamento pare essere avvenuto presso uno stabilimento di cioccolato e noccioline in Michigan, anche se a tutt'oggi non esistono prove della sua esistenza.

Provate a immaginare cosa vorrebbe dire addentare le orecchie di un mostro del genere.

60
Cioccolato
andato a male

Che cosa hanno in comune il cioccolato, le sculture Dogon del Mali, le matite cosmetiche e i fiori? Tutti possono mostrare una forma di fioritura che, tranne nel caso dei fiori stessi, si manifesta con imperfezioni sulla superficie costituite da piccole macchie o da una patina bianca che si forma in determinate condizioni.

Sulla superficie del cioccolato, la fioritura compare sotto forma di patina bianca. In realtà, vi sono diversi tipi di fioritura. Lo zucchero fiorisce quando il cioccolato si inumidisce leggermente. Per esempio, quando prelevate un pezzo di cioccolato dal frigorifero o dal freezer in una giornata umida, l'umidità dell'aria può condensarsi sulla superficie del cioccolato. L'acqua discioglie parte dello zucchero e in seguito, quando evapora, lo zucchero rimane lì sotto forma di puntino bianco: ecco la fioritura.

Probabilmente quella più comune è la fioritura dei grassi, della quale esistono diversi tipi. Una forma molto evidente di fioritura si verifica quando il cioccolato viene conservato per periodi prolungati a temperatura troppo elevata (e oscillante): nel corso del tempo si forma una patina bianca sulla superficie. La fioritura dei grassi assomiglia un po' alla muffa, ma in realtà sono soltanto cristalli di burro di cacao che crescono sulla superficie del cioccolato.

Diversi anni fa a casa avevamo un Babbo Natale di cioccolato di cui era stata mangiata solo la testa. Rimettemmo il corpo del Babbo Natale nella sua scatola e lo sistemammo nel ripiano più alto del frigorifero. Quando lo riesumammo sei mesi dopo, su tutto il corpo c'era uno strato bianco inizialmente formatosi sulla superficie, ma che poi era penetrato anche nello spessore del cioccolato. Le pareti interne erano ancora intatte, ma dall'esterno sembrava che la neve fosse penetrata nella pelle del Babbo Natale.

Per comprendere il fenomeno della fioritura dei grassi, bisogna prima conoscere la struttura del cioccolato. Una classica tavoletta di cioccolato contiene circa il 50% di zucchero sotto forma di cristalli così minuscoli che in bocca non li sentiamo nemmeno. Lo zucchero apporta dolcezza al cioccolato. Se vi è mai capitato di assaggiare del cioccolato senza zucchero, vi sarete chiesti come faccia ad avere la reputazione di cibo degli dei. Poi, nella proporzione del 16%, vi sono i solidi di cacao, i residui della macinazione delle fave di cacao. Tutto il resto, circa il 32-35%, è fatto di burro di cacao, il grasso che si ricava dalle fave di cacao.

Il burro di cacao è un grasso naturale con proprietà di fusione che lo rendono ideale per la cioccolata. A temperatura ambiente lo si trova per lo più allo stato solido, motivo per cui, quando viene spezzato, il cioccolato produce un piacevole "snap" molto netto. In bocca, il burro di cacao fonde completamente e dà al cioccolato quella struttura cremosa e omogenea che sentiamo quando lo si assaggia. Se il cioccolato è ben fatto, i cristalli di burro di cacao sono molto piccoli. I cristalli di grasso sulla superficie riflettono la luce, e creano un aspetto lucente e patinato. Quando il cioccolato non è stato solidificato o conservato in maniera appropriata, invece, i cristalli di burro di cacao si allargano. Tornando a noi, durante le variazioni di temperatura nel frigorifero, i cristalli di burro di cacao si sono ridistribuiti all'interno del Babbo Natale di cioccolato, e sulla superficie sono apparsi dei grandi cristalli che hanno creato quella patina bianca di cui si parlava.

Il cioccolato fiorito, con la superficie bianca, non fa male alla salute, però sicuramente non è molto allettante a vedersi, e nemmeno il sapore è dei migliori. Ma non si tratta di muffa, sono solo cristalli di burro di cacao.

La fioritura dei grassi si verifica anche in materiali diversi dal cioccolato: un fenomeno simile sfigura la superficie di alcuni prodotti cosmetici e delle statue Dogon del Mali. È noto che le matite cosmetiche possono presentare una fioritura, ma si tratta di un problema piuttosto raro e non molto preoccupante.

I curatori dei musei, invece, sono molto preoccupati per il deterioramento della superficie di certi reperti archeologici. Le statue Dogon, provenienti dal Mali in Africa, sono sculture intagliate nel legno che sono state infuse con grassi. Nel corso del tempo, i cristalli di grasso crescono sulla superficie di queste statue, in una maniera molto simile a quello che è successo al nostro Babbo Natale di cioccolato, portando a un aspetto poco gradevole.

Né i curatori dei musei né i *maître chocolatier* sanno come impedire la formazione della fioritura dei grassi. Per ora rimane solo un mistero oggetto di molti studi, ma ancora irrisolto.

Appendice

Ma... in Italia?

Gli Americani mangiano male. È un luogo comune da sfatare: negli States si possono gustare piatti degni dei palati più raffinati, né più né meno che da noi.

Gli Americani mangiano di tutto. Questo è già più vero: sono certamente più aperti di noi alla novità, alla sperimentazione, a quel cibo tecnologico che ai nostri occhi (e al nostro palato) sembra addirittura "artificiale". Del resto non è una novità: la nostra cultura gastronomica mette al primo posto i valori della tradizione, della naturalità, del rapporto millenario con il territorio. Una cultura che, per sua stessa natura, non può trovare radici in un paese ancora "giovane" come l'America, dove la ricerca del nuovo diventa addirittura motivo di distinzione e identità, quasi un mezzo per superare le differenze e i contrasti (cosa unisce più della Coca Cola?).

Le differenze tra Vecchio e Nuovo Continente sono tanto più evidenti se andiamo a considerare la politica adottata dall'Unione Europea in tema di sicurezza alimentare. Da noi si viaggia "con i piedi di piombo" secondo il cosiddetto approccio "dal campo alla tavola". Nessuna sperimentazione azzardata, nessuna apertura a ciò che non sia dimostrato essere più che sicuro: pur garantendo il regolare funzionamento del mercato interno, la politica di sicurezza alimentare dell'Unione Europea mira in primo luogo a proteggere la salute e gli interessi dei consumatori. Per questo, l'Unione elabora e fa rispettare proprie norme di controllo in materia di igiene degli alimenti, di salute e benessere degli animali, di salute delle piante e prevenzione dei rischi di contaminazione, e stabilisce regole molto precise per l'etichettatura dei prodotti alimentari. Non è un caso che proprio il maggior rigore della normativa europea sia stato spesso motivo di conflitto con i nostri cugini d'oltreoceano; basti pensare al diverso orientamento rispetto agli Organismi Geneticamente Modificati, che negli USA non vanno evidenziati in etichetta (da noi sì), oppure all'utilizzo degli ormoni per favorire la crescita dei bovini, permesso in America e da noi severamente vietato...

Peraltro, quello che in molti considerano un giusto sistema di precauzione da parte degli Stati europei, da altri viene visto come un atteggiamento di chiusura al mercato, motivato spesso da atteggiamenti protezionistici più che dal reale desiderio di proteggere la salute dei consumatori. Non sta certo a noi esprimere dei giudizi in questo senso, ma, visto che comunque le differenze tra Europa e America ci sono e non sono trascurabili, ci sembra utile evidenziare quelle che aiutano a contestualizzare meglio la lettura di questo libro rispetto alla realtà europea e italiana in particolare.

A proposito di... cibi irradiati (capitolo 7)
Già nel 1980 l'Organizzazione Mondiale della Sanità espresse un'opinione favorevole relativa alla sicurezza nutrizionale, tossicologica e microbiologica degli alimenti trattati con radiazioni ionizzanti. Nonostante questo, la normativa UE è molto restrittiva e prevede che in Europa si possano trattare solo pochissimi prodotti, con buona pace di chi trema al solo sentire parlare di radiazioni. Di fatto, la normativa UE stabilisce che solo le erbe aromatiche essiccate, le spezie e i condimenti vegetali possono essere sottoposti a trattamento d'irradiazione. Inoltre, i prodotti alimentari irradiati, o gli ingredienti irradiati di un alimento composto, devono recare un'etichetta con bene evidenziata la dicitura "irradiato" o "trattato con radiazioni ionizzanti".

A proposito di... latte crudo (capitolo 8)
In Italia è permessa da pochi anni la vendita di latte crudo (cioè latte che non sia stato sottoposto all'azione del calore per pastorizzarlo o sterilizzarlo), e nel nostro paese ci sono più di 1.000 distributori automatici che erogano 6 milioni di litri all'anno direttamente al consumatore.

La vendita di latte crudo è stata di recente regolamentata da un'apposita normativa, con lo scopo di tutelare al massimo la salute di chi lo consuma. In sostanza, la norma prescrive che le macchine erogatrici di latte crudo riportino, in rosso e ben visibile, l'indicazione "prodotto da consumarsi dopo bollitura", e la stessa indicazione deve esserci anche sui contenitori messi a disposizione dal venditore. Inoltre, è fissata in tre giorni la durata massima del latte crudo e ne è vietata la somministrazione nell'ambito della ristorazione collettiva, comprese le mense scolastiche.

A proposito di... controlli (capitolo 8)
Se una cosa positiva è riconosciuta unanimemente al nostro Paese è l'efficienza dei sistemi di controllo nel settore alimentare. Funzionano bene, e il fatto che ogni giorno si scoprano truffe, contraffazioni e sofisticazioni alimentari indica proprio che chi vigila tiene gli occhi aperti, a differenza di quanto succede in altri Paesi, dove i controlli hanno maglie molto più larghe.

In Italia è l'organizzazione ministeriale (Ministero del Lavoro, della Salute e delle Politiche Sociali) ad avere competenze generali sulla tutela della salute pubblica, insieme alle regioni e ai comuni, ed è compito del Ministero della Salute, in coordinamento con altri ministeri e con gli enti locali, quello di vigilare sui problemi di sicurezza alimentare. Ecco allora che, tra Ministeri, Regioni e Comuni, si struttura una fitta rete di controlli, esercitata da diversi organismi che lavorano in modo coordinato sul territorio.

Non è certo il caso di scendere nel dettaglio di come questi organismi svolgano la loro attività, ma, visto il loro numero, il solo citarli basta già a infondere un motivato senso di sicurezza. I principali sono: gli uffici di sanità marittima, aerea e di frontiera, gli uffici veterinari di confine, le aziende sanitarie locali, i nuclei antisofisticazioni e sanità (NAS) dei carabinieri, le strutture dell'Ispettorato centrale repressioni frodi, l'Ispettorato per il controllo della qualità dei prodotti agroalimentari, il corpo forestale e la guardia costiera. Più di così...

A proposito di... normativa igienico sanitaria (capitolo 9)
La legge italiana detta una lunga serie di norme per la prevenzione e il controllo igienico-sanitario. Giustamente, queste norme non si limitano a considerare le caratteristiche igieniche intrinseche degli alimenti, ma si estende a tutto ciò che ad essi sta intorno, e forniscono una traccia fondamentale per impostare correttamente sul piano pratico i propri comportamenti e le proprie scelte in tema di igiene.

In sintesi, le leggi in vigore nel nostro Paese riguardano:

- le caratteristiche generali delle sostanze alimentari e delle bevande, della loro produzione e del loro confezionamento;
- gli ambienti in cui vengono depositati, lavorati, confezionati, commercializzati, somministrati i prodotti alimentari;
- le persone addette alla lavorazione, vendita, somministrazione, delle sostanze alimentari e delle bevande;
- le autorizzazioni, i controlli, gli accertamenti relativi alle violazioni della legge.

Per esempio, la legge specifica le caratteristiche dei locali dove si prepara il cibo (pareti piastrellate, zanzariere alle finestre, griglie di scolo sui pavimenti…), piuttosto che le norme per l'abbigliamento del personale, o le indicazioni per conservare le varie derrate… Insomma, tutto quanto vale a garantire la massima sicurezza igienica.

Questo complesso di norme è funzionale all'applicazione del cosiddetto "HACCP" (Hazard Analysis Critical Control Point), un sistema ideato per la sicurezza alimentare al quale devono uniformarsi per legge tutte le aziende alimentari, compresi i ristoranti. Scopo del sistema HACCP è quello di garantire la sicurezza e la salubrità dei cibi che vengono fabbricati, commercializzati o somministrati, e per raggiungere questo obiettivo le aziende devono compiere due azioni importanti:

- individuare all'interno del loro processo produttivo alimentare (industriale, commerciale, ristorativo, ecc.) quali siano i pericoli specifici che possono in qualche modo compromettere la salubrità di un alimento durante la sua "vita" (ossia fino al suo consumo finale);
- predisporre le più opportune misure preventive e di controllo per garantire la sicurezza igienico-sanitaria dell'alimento preso in considerazione.

Tutte le aziende che in qualche modo abbiano a che fare con gli alimenti (compresi i locali pubblici di somministrazione), devono dotarsi di un manuale che riporti in modo dettagliato il piano HACCP per la sicurezza alimentare e che permette di applicarlo in modo corretto.

In vigore ormai da alcuni anni, il sistema HACCP si basa sul concetto di prevenzione, un elemento sconosciuto alle vecchie tipologie di controllo igienico-sanitario. Prima della sua adozione, le imprese alimentari e le autorità sanitarie, svolgevano infatti un'azione di verifica attraverso ispezioni e controlli (per lo più casuali e saltuari) sul prodotto finito o sulle condizioni di lavoro adottate nei locali di produzione o di commercializzazione. Questo metodo d'indagine (definito *reattivo*) interveniva "a valle", in altre parole dopo che si era manifestata una contaminazione alimentare o un qualsiasi altro problema di natura igienico-sanitaria. Il sistema HACCP, viceversa, consente all'operatore di agire "a monte", prima che gli eventi potenzialmente negativi possano minare la sicurezza igienica del lavoro o contaminare l'alimento. Questo metodo viene definito *pro-attivo* e si basa sull'idea di fondo che "un processo ben studiato garantisca maggiormente di un controllo finale".

La realizzazione di un sistema HACCP prevede inizialmente la formazione di un gruppo di lavoro (*HACCP-team*), la cui composizione deve essere coerente col tipo d'intervento che si vuole attuare. In altre parole si tratta di costituire un gruppo di persone, interne o esterne all'azienda, con diverse competenze, che possano offrire informazioni e collaborazione nell'individuare i possibili rischi produttivi e i punti critici da tenere sotto controllo. L'*HACCP-team* sarà tanto più nutrito e differenziato quanto più complesso e ampio sarà il sistema di sicurezza da attuare. Nel caso di un ristorante, per esempio, questo gruppo di lavoro sarà abbastanza limitato e comprenderà, oltre al direttore del locale, il responsabile di cucina (lo chef), l'addetto agli acquisti e al magazzino e il responsabile di sala e dei servizi ristorativi in genere, tutti coordinati da un esperto di HACCP, ossia un tecnologo alimentare che abbia conoscenze di microbiologia, chimica e alimentazione, in grado di realizzare nella pratica il piano HACCP e predisporre il relativo manuale operativo. Perché il sistema HACCP funzioni bene, infatti, è importante anche gestire puntualmente due tipi di documentazione:

• il manuale di HACCP redatto dall'*HACCP-team* in cui sono riportate tutte le fasi fondamentali del sistema approntato con le relative procedure d'intervento (tale manuale dovrà essere revisionato a date prefissate per verificare l'effettiva funzionalità del sistema HACCP);

- tutte le registrazioni e i documenti che si producono durante l'applicazione del metodo HACCP, che devono essere catalogate, archiviate, conservate e aggiornate nel tempo.

È da sottolineare, infine, che la normativa prevede che per ogni azienda venga identificato un "responsabile dell'industria alimentare" (RIA), normalmente il titolare dell'industria alimentare o un responsabile specificamente delegato, il quale diventa il referente giuridico per tutto quello che riguarda la sicurezza alimentare dei propri prodotti.

A proposito di... yogurt e probiotici (capitolo 12)

Severissima per molti aspetti, rispetto allo yogurt la normativa europea si dimostra più debole di quella americana. Afferma che uno yogurt ben preparato deve contenere un'alta quantità di fermenti vivi per grammo, ma non ne fissa un limite minimo preciso. E il concetto di "alta quantità" è quanto mai soggettivo: in commercio possiamo trovare vasetti con 10 milioni di fermenti lattici vivi per grammo accanto ad altri che arrivano anche a 500 milioni di microrganismi per grammo. Per noi italiani, il risultato è che diventa praticamente impossibile avere la sicurezza di acquistare un prodotto al massimo della vitalità, anche se alcune attenzioni aiutano certamente a scegliere il meglio:

- accertarsi prima di tutto che sull'etichetta compaia la scritta "yogurt": esistono prodotti del tutto simili allo yogurt, ma sterilizzati per prolungarne la durata; ovviamente non si possono chiamare "yogurt" e sono posti in vendita come "dessert";
- preferire gli yogurt senza conservanti (sono ammessi in quelli alla frutta);
- acquistare sempre confezioni molto lontane dalla scadenza (la quota di microrganismi vivi si riduce progressivamente nel tempo).

Una cosa che precisa la normativa italiana è che il nome "yogurt" può essere usato solo per il latte fermentato con due bacilli dal nome impronunciabile: *Lactobacillus bulgaricus* e *Streptococcus thermophilus*. Simili allo yogurt nel gusto e nella consistenza, oggi troviamo in commercio molti altri prodotti preparati con microrganismi di specie diverse, venduti con la denominazione di "latte fermentato". In particolare sono interessanti i latti fermentati cosiddetti "probiotici", proposti generalmente nella versione da bere, in bottigliette monodose. Pur non potendo essere definiti yogurt, questi latti fermentati contengono quantità altissime di batteri capaci di aumentare il benessere dell'organismo (pro-bios = per la vita). Ne esistono tanti tipi diversi: *Bifidobacterium bifidus, Lactobacillus acidophilus, Bifidobacterium lactis, Lactobacillus casei* e *paracasei*... ma tutti sono simili ai batteri "buoni" che abitano naturalmente l'intestino umano svolgendo una quantità di funzioni salutari. E l'utilità dei latti fermentati probiotici è massima proprio quando qualche problema interviene a rompere il normale equilibrio della flora intestinale. I fermenti di cui sono ricchi superano senza danni la barriera dello stomaco, si moltiplicano nel tubo digerente e, arrivati nell'intestino, danno battaglia ai microbi nocivi, si insediano al loro posto nella mucosa intestinale, stimolano la produzione di anticorpi e degradano alcune tossine. Insomma, degli yogurt con una marcia in più, anche nel prezzo...

A proposito di... etichette (capitolo 24)

In Europa, chiunque comperi un prodotto alimentare deve poter ricevere una serie di informazioni utili per identificare la tipologia, la qualità e la quantità di ciò che sta acquistando. La legge obbliga a fornire queste informazioni utilizzando un cartellino o un'etichetta, a seconda che il prodotto sia messo in vendita sfuso oppure preconfezionato.

Quando al supermercato acquistiamo un prodotto confezionato, l'etichetta rappresenta un po' la sua carta d'identità perché, come dice la legge serve proprio ad "assicurare la corretta e trasparente informazione del consumatore". Leggerla è importantissimo, ed ecco le indicazioni che devono essere riportate obbligatoriamente:

· **La denominazione di vendita** del prodotto. Attenzione: non è il nome di fantasia che i fabbricanti attribuiscono al prodotto per renderlo più attraente e distinguerlo dalla concorrenza, ma il nome che identifica la categoria del prodotto (dolce da forno, bibita all'arancia, succo di frutta...).
· **Il nome oppure la ragione sociale** o il marchio depositato e la sede del fabbricante o del confezionatore o del venditore stabi-

liti dalla CEE; serve a sapere a chi rivolgersi se qualcosa non va.

- **L'elenco degli ingredienti** (inclusi gli additivi), in ordine decrescente di quantità. È importantissimo perché ci permette di verificare la composizione del prodotto e sapere davvero cosa c'è dentro.
- **Il quantitativo netto** (in peso o volume). Se un prodotto alimentare è immerso in un liquido di governo (per esempio le olive in salamoia e la frutta sciroppata), deve essere indicata anche la quantità di prodotto sgocciolato.
- **Il termine minimo di conservazione** o, nel caso di prodotti deperibili, **la data di scadenza**. Sulla confezione di molti alimenti si trova scritto "consumare preferibilmente entro...", su altri invece è indicato un termine categorico: "consumare entro...". Quel "preferibilmente" fa la differenza: se c'è si parla di "termine minimo di conservazione", cioè la data entro la quale il produttore consiglia di consumare l'alimento per gustarlo nelle migliori condizioni (trascorso questo tempo, comunque, il cibo è ancora mangiabile). Se invece l'indicazione è precisa, senza il "preferibilmente", si parla di data di scadenza e il prodotto non va consumato una volta scaduto, perché potrebbe non essere più sicuro.
- **Le modalità di conservazione e di utilizzo**, quando sia necessario adottare particolari accorgimenti (conservare in frigo, tenere al riparo dalla luce...).
- **La presenza degli allergeni più comuni** e dei loro prodotti derivati, come uova, crostacei, arachidi, soia, noci, semi di sesamo, solfiti...
- **Il numero di lotto**, è riportato dal produttore con un codice che consente di identificare il "lotto" di produzione e rintracciare così eventuali partite difettose.

Glossario

AirHeads: caramelle di forma rettangolare allungata e appiattita, simili a gomme da masticare, generalmente all'aroma di frutta.

Animal Crackers: cracker a forma di animale (tipici quelli dello zoo e del circo) solitamente non dolcificati.

Biscotti Hydrox: popolare marca di biscotti a sandwich, costituiti da due biscotti tondi inframmezzati da uno strato di crema.

Biscotti Oreo: simili agli Hydrox, sono famosi biscotti a sandwich, anch'essi costituiti da due biscotti tondi e scuri inframmezzati da uno strato di crema.

Burro di arachidi: grasso solido prodotto a partire dai semi delle arachidi, che vengono dapprima tostate 160°C e poi raffreddate, sbiancate, salate, macinate e impastate.

Cabinet: bevanda costituita da latte, aromi e gelato sbattuti o frullati sino a rendere la bevanda schiumosa.

Caramel: in Europa indica il caramello, ottenuto riscaldando zucchero ad alta temperatura, eventualmente con aggiunta di poca acqua. Negli Stati Uniti indica le caramelle tipo mou.

Caramelle toffee: caramelle tipo mou, sono spesso ottenute facendo bollire melassa o zucchero insieme a burro ed eventualmente farina.

California Raisins: uvetta essiccata proveniente dalla California.

Circus Peanuts: Caramelle morbide e spugnose a forma di arachide. Le più popolari sono colorate d'arancione e aromatizzate alla banana.

Cookies: nome generico che indica i biscotti. Nello specifico si intendono quelli tipici di pastafrolla.

Cordial cheeries: ciliegie immerse in una crema al maraschino e ricoperte di cioccolata. Ogni cioccolatino è avvolto in una tipica carta rossa.

Eggnog: bevanda dolce e densa preparata con latte, panna, zucchero, uova sbattute e aromatizzata con cannella. Esiste anche la versione alcolica addizionata di distillati o liquori.

Exploding Pops: granuli di zucchero, di forme e colori diversi, addizionati di acido carbonico che, a contatto con la saliva, sviluppa effervescenza, creando l'effetto di uno scoppiettio sulla lingua.

Formaggio Bleu: formaggio di tipo erborinato, che mostra nella pasta il disegno tipico delle muffe blu sviluppate durante la stagionatura.

Formaggio Brie: formaggio vaccino a pasta molle e crosta bianca fiorita, che prende il nome da Brie, la regione della Francia in cui è prodotto.

Formaggio Camembert: formaggio francese a pasta molle con crosta fiorita bianca. Ottenuto da latte di vacca crudo o pastorizzato e cremoso, sa di burro ed è leggermente salato.

Formaggio Cheddar: formaggio britannico a pasta dura, di colore che può variare dal giallo pallido fino all'arancione, dal gusto deciso. Ha origine nel villaggio inglese di Cheddar, nel Somerset, da cui prende il nome.

Formaggio Limburg: formaggio morbido tedesco, prodotto da latte vaccino. Ha una crosta liscia, appiccicosa, dal colore bruno-rossastro con delle piccole ondulazioni. Ha un gusto piccante ed aromatico.

Frappé: bevanda schiumosa ottenuta frullando latte, frutta e ghiaccio tritato, oppure, più spesso, frullando latte e gelato.

French Chew: barrette morbide dolci, disponibili in diversi gusti e confezionate singolarmente.

Frizzy Pazzy: granuli colorati di gomma da masticare venduti in bustine; una volta in bocca cominciano a frizzare.

Fruitcake: dolce tipico americano (si usa regalarlo in occasione di matrimoni o del Natale) realizzato con frutta essiccata, frutta candita, noci, nocciole e varie spezie.

Gelatina Jell-O: Jell-O è un marchio che commercia diversi tipi di dessert di consistenza gelatinosa, incluse gelatina di frutta, pudding e creme.

Ghiaccioli Popsicle: Popsicle è la più antica marca di ghiaccioli. Tipici per la loro forma allargata, i ghiaccioli Popsicle sono spesso proposti in due gusti e con inseriti due stecchi.

Guacamole: salsa di origine messicana a base di avocado la cui origine risale al tempo degli Aztechi. Oltre all'avocado, gli ingredienti principali sono succo di lime, sale e abbondante pepe nero.

Hash Browns: preparazione gastronomica a base di patate tagliate in piccoli pezzi e saltate o cotte al forno. È simile al rösti europeo.

Kefir: latte fermentato originario del Caucaso. È leggermente frizzante e contiene una piccola quantità di alcol.

Kool-Aid: bibita analcolica, non gasata, che viene venduta in polvere e si prepara aggiungendo acqua e zucchero.

Jerky: strisce di carne essiccata. La carne viene prima mondata dal grasso, poi tagliata a strisce, messa a marinare e infine essiccata in modo da garantirne una lunga conservazione.

Jimmies: granelle dolci multicolori, utilizzate per decorare torte, gelati e biscotti.

Lik-m-Aid: oggi chiamate "Fun dip", Lik-m-Aid erano una sorta di caramelle da "leccare", costituite da una barretta di zucchero compresso contenente al centro zucchero in polvere.

Lucky Charm: cereali per la prima colazione miscelati con dolcetti spugnosi colorati (vedi *Marbit*), foggiati in varie forme (piccoli cuoricini, stelline, ecc.).

Marbit: dolcetti spugnosi e colorati utilizzati per "ravvivare" e caratterizzare l'aspetto e il gusto dei cereali per la prima colazione.

Marshmallow: popolarissimi negli Stati Uniti, sono dei cilindretti di zucchero morbidi e bianchi, ricavati in origine dalla pianta *Althaea officinalis*. Il nome deriva dal fatto che sono preparati dal succo della pianta, che si chiama mallow e cresce nelle paludi ("marshes" in inglese).

Marshmallow Peeps: marshmallow foggiati in forma di piccoli animali (canarini, pulcini, coniglietti…).

Milk shake: bevanda costituita da latte, aromi e gelato, sbattuti o frullati sino a rendere la bevanda schiumosa.

Neapolitan ice cream: gelato molto apprezzato negli Stati Uniti, presentato in tre strati: il primo al cioccolato, il secondo alla vaniglia e il terzo alla fragola.

Onion rings: anelli di cipolla impastellati e fritti, sono comuni nei fast-food.

Peppermint Pattie: caramelle costituite da un'anima di menta ricoperta di cioccolato.

Pixy Stix: confezioni cilindriche contenenti polvere dolce granulosa, proposta in diverse aromatizzazioni e colorazioni.

Pop Rocks: marca di caramelle confezionate con acido carbonico che, a contatto con la saliva, sprigionano effervescenza.

Posset: antica bevanda inglese, ottenuta nel medioevo riscaldando delicatamente del latte addizionato di un liquido acido come vino, birra o succo di limone.

Pretzel: molto diffusi anche in Europa, i pretzel sono anelli di pasta di pane intrecciati e cotti al forno. Prima della cottura, il pane viene immerso per qualche secondo nella soda caustica che gli conferisce il colore e il sapore tipici.

Pudding: nome che identifica diversi tipi di specialità alimentari diffuse nei paesi di lingua inglese. I pudding salati sono simili a torte o pasticci e sono confezionati con gli ingredienti più vari (carne, farina di grano, cereali...), mentre i pudding dolci hanno aspetto e consistenza simile al budino. Negli Stati Uniti quelli dolci sono di gran lunga la tipologia di pudding più diffusa.

Radura: simbolo utilizzato per indicare che l'alimento è stato trattato con radiazioni ionizzanti.

Salsa Gravy: salsa salata ottenuta generalmente da una riduzione del sugo che la carne rilascia naturalmente durante la cottura.

Salt water taffy: caramelle soffici tipicamente vendute nelle botteghe sui lungomare. Non contengono acqua salata, ma, secondo la leggenda, il loro nome deriverebbe dal fatto che, durante una tempesta nel 1883, il mare invase la bottega di un caramellaio di Atlantic City, dando un gusto particolare e gradevole ai suoi prodotti. Tanto che decise di battezzarle "salt water taffy".

Sidro di mele: in Europa il sidro di mele è una bevanda alcolica ottenuta dalla fermentazione del succo di mela. Negli Stati Uniti con questo nome viene genericamente indicato anche il succo di mela non alcolico.

Shortening: sostanze grasse solide o semisolide, particolarmente adatte per gli impasti da cuocere in forno e ottenute generalmente con miscele di grassi idrogenati.

Spumoni d'America: lo "spumone" è un gelato tipico del Salento, prodotto anche nelle zone di Napoli e in Sicilia. Si caratterizza per i suoi gusti misti stratificati ed è stato ripreso in molte versioni dai gelatai americani, originando una serie di varianti che si possono raccogliere sotto il nome "spumoni d'America".

Sparkler Spice: polvere di gomma da masticare effervescente, prodotta in diversi gusti, da versare come condimento sulle verdure.

Sprinkles: granelle dolci multicolori, utilizzate per decorare torte, gelati e biscotti.

Tang: polvere dolce addizionata di coloranti e aromi, da diluire in acqua per ottenere una bevanda all'arancia.

Turkish taffy: caramelle create da Albert Bonomo, immigrato negli Stati Uniti dalla Turchia, che si caratterizzano per il fatto di essere particolarmente dure quando sono fredde, al punto che, se battute con forza, si frantumano in tanti piccoli pezzi. Riscaldandole si ammorbidiscono.

Velvet: bevanda costituita da latte, aromi e gelato, sbattuti o frullati sino a rendere la bevanda schiumosa.

i blu

Il solito Albert e la piccola Dolly
La scienza dei bambini e dei ragazzi
D. Gouthier, F. Manzoli

Storie di cose semplici
V. Marchis

Novepernove
Segreti e strategie di gioco
D. Munari

Il ronzio delle api
J. Tautz

Perché Nobel?
M. Abate (a cura di)

Alla ricerca della via più breve
P. Gritzmann, R. Brandenberg

Gli anni della Luna
1950-1972: l'epoca d'oro della corsa allo spazio
P. Magionami

Chiamalo x!
ovvero **Cosa fanno i matematici?**
E. Cristiani

L'astro narrante
La Luna nella scienza e nella letteratura italiana
P. Greco

Il fascino oscuro dell'inflazione
Alla scoperta della storia dell'Universo
P. Fré

Sai cosa mangi?
La scienza del cibo
R.W. Hartel, A.K. Hartel

Di prossima pubblicazione

Pianeti tra le note
Appunti di un astronomo divulgatore
A. Adamo

Australia - I lettori di ossa
C. Tuniz, R. Gillerspie, C. Jones

La strana storia della Luce e del Colore
R. Guzzi

Pietro Fré

Il fascino oscuro dell'inflazione
Alla scoperta della storia dell'Universo

Dalla più remota antichità l'uomo si interroga sulla struttura dell'Universo e indaga sulle leggi che lo governano. Ma il progresso compiuto all'inizio del XX secolo non ha paragoni rispetto a quello di tutti i secoli precedenti: nel 1915 venne formulata la relatività generale, teoria indispensabile per comprendere la struttura dell'Universo e inquadrare i fenomeni cosmici; tra il 1920 e il 1930 fu scoperta l'espansione costante dell'Universo e si iniziò a determinarne le reali dimensioni. La cosmologia ha poi fatto un grande salto di qualità a cavallo tra il XX e il XXI secolo. L'Universo inflazionario è una teoria che forse rivela i misteri delle leggi fisiche a piccolissime distanze e ad altissime energie, laddove dovrebbe trovarsi il regno delle superstringhe e della gravità quantistica.

In questo libro viene ripercorsa la grande avventura del pensiero umano, che dalla concezione aristotelica di un mondo statico eterno e in realtà piccolissimo, è approdato alla contemporanea visione di un cosmo dinamico e immenso, germogliato però da una infinitesima fluttuazione quantistica.

Claudio Tuniz, Cheryl Jones, Richard Gillespie

Australia - I lettori di ossa

Prefazione di Telmo Pievani e Giorgio Manzi

Chi possiede il passato? Come si leggono le ossa antiche? E cosa ci dicono sulle nostre origini gli artifatti, il polline e il DNA dell'età glaciale?
Usando tecniche sempre più raffinate, gli scienziati riescono a ricostruire gli ambienti del passato profondo e i primi esseri umani che ci vivevano. *Australia - I lettori di ossa* esamina i fatti e i miti sull'arrivo dei primi uomini in Australia; il DNA degli attuali Aborigeni australiani rivela le loro origini; le teorie degli *hobbit* indonesiani; e chi o cosa ha ucciso i marsupiali giganti dell'Australia. Le scoperte australiane trovano eco nei dibattiti sulla misteriosa fine dei Neanderthal e gettano luce sull'evoluzione umana.
Ma, come sempre, gli scienziati sono divisi. *Australia - I lettori di ossa* mette in evidenza un mondo di coloriti personaggi e un dibattito appassionato – e alcune idee veramente bizzarre.
Questo libro chiarisce le idee a chi è incuriosito da affermazioni e controaffermazioni su chi ha fatto cosa, quando a e a chi nel profondo passato della preistoria e spiega in modo lineare la scienza su cui si basano le recenti metodologie investigative. Senza timore di essere controverso, *Australia - I lettori di ossa* è destinato a riscaldare il dibattito sul passato dell'umanità.

Angelo Adamo

Pianeti tra le note
Appunti di un astronomo divulgatore

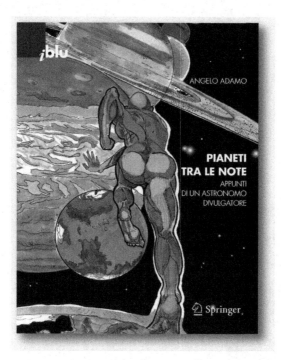

Una stella, otto pianeti, un centinaio di lune e una miriade di corpi mino-ri tra plutini, asteroidi, comete, satelliti artificiali. E per ognuno di questi og-getti, spiegazioni scientifiche che condividono la scena con narrazioni dettate dal mito, con visioni della fantascienza e con suggestioni sonore scaturite dalla penna di grandi compositori.

L'autore prova a districarsi nella babele di idiomi più o meno precisi che da sempre vengono usati dagli uomini per descrivere il Sistema Solare, nell'intento di spiegarlo e di rendere il freddo spazio interplanetario un posto più accogliente. La letteratura, la fisica, il fumetto, l'illustrazione, la musica finalmente cooperano per delineare un possibile percorso, una traiettoria fra le tante, che condurrà il lettore dalle origini del linguaggio fi-no alla nube di Oort.

Finito di stampare nel mese di aprile 2009